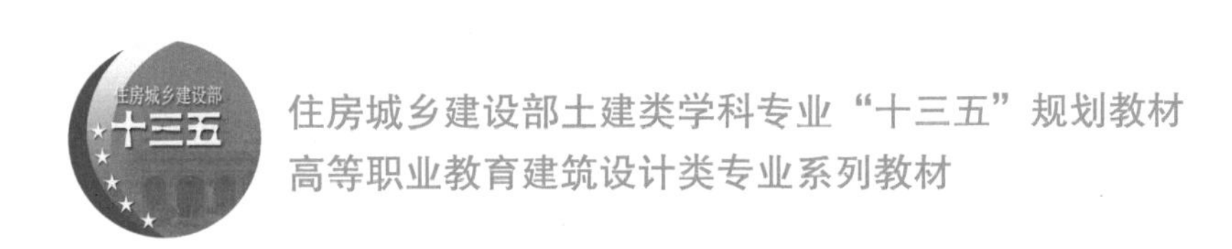

室内设计基础

主　编　欧阳刚　赵海如
副主编　姚雪儒　熊　鑫　李　采　杨东君
参　编　毛　琛　郑　婷　李　涛　武　斌
　　　　李亚萍　朱小林　幸　任　许余燕

机械工业出版社

本书阐述了室内设计的基本概念、设计过程和学习方法，以及室内设计的演化过程和发展趋势；分析了室内设计的基本原则和室内空间的造型元素。在此基础上，书中进一步详细探讨了室内界面及部件的装饰设计、室内环境中的家具与陈设布置。此外，本书还涉及与室内设计相关的其他相关学科（如人体工学等）内容。

本书图文并茂、内容全面，具有较强的理论性与实用性，可供建筑学、室内设计、环境艺术设计和建筑装饰等专业的高校师生、建筑装饰行业的从业人员以及对室内设计感兴趣的相关人士阅读使用。

图书在版编目（CIP）数据

室内设计基础 / 欧阳刚，赵海如主编. —北京：机械工业出版社，2019.5（2024.6 重印）
高等职业教育建筑设计类专业系列教材
ISBN 978-7-111-62497-4

Ⅰ. ①室…　Ⅱ. ①欧…　②赵…　Ⅲ. ①室内装饰设计—高等职业教育—教材
Ⅳ. ① TU238.2

中国版本图书馆 CIP 数据核字（2019）第 070495 号

机械工业出版社（北京市百万庄大街 22 号　邮政编码 100037）
策划编辑：常金锋　　责任编辑：常金锋　叶蔷薇
责任校对：王　欣　　封面设计：鞠　杨
责任印制：刘　媛
涿州市般润文化传播有限公司印刷

2024 年 6 月第 1 版第 9 次印刷
210mm×285mm・8.75 印张・240 千字
标准书号：ISBN 978-7-111-62497-4
定价：42.00 元

电话服务　　网络服务
客服电话：010-88361066　　机　工　官　网：www.cmpbook.com
010-88379833　　机　工　官　博：weibo.com/cmp1952
010-68326294　　金　书　网：www.golden-book.com
封底无防伪标均为盗版　　机工教育服务网：www.cmpedu.com

前　言

室内设计基础是当今各高等职业院校艺术设计专业，特别是环境艺术设计专业的一门必修专业课程。本课程一般设置在大学一年级，主要目的是让学生对室内设计有一个初步了解，为今后的专业学习做好基础知识储备。

本书根据高职高专艺术教学的实际情况，结合作者多年的教学经验以及在实际设计工作中的体悟，参考了一些高职院校的教学成果和相关文献资料，同时考虑到学生的基础、学习能力和所需要的就业能力而编写。

全书共十一章，包括室内设计概论、室内设计的程序与方法、空间划分、色彩、照明、家具与陈设、绿化、材料、人体工程学，以及居住空间、办公空间、餐饮空间及娱乐空间的概念、设计原则和方法等内容。

本书由重庆工业职业技术学院、重庆公共运输职业学院联合编写，两个学院的专业教师对本书的编写付出了大量的心血。本书在编写过程中还引用了一些室内设计相关的文献和图片资料，在此向相关文献和图片资料的作者表示衷心感谢。同时，本书的编写得到了机械工业出版社的大力支持，在此表示谢意。

欧阳刚

目　录

第一章　室内设计概论

学习目标

通过学习室内设计的定义、设计内容、设计的依据和要求、常见的室内设计风格和特点，了解室内设计的概念、室内设计的任务和要达到的目的，从而理解和掌握室内设计的基础知识。

学习重点

室内设计的内容

室内设计的风格

学习建议

1. 结合课堂学习选择相关的书籍阅读，拓展理论知识。
2. 在生活和学习中留意观察，熟悉室内设计的内容和风格。

第一节　室内设计的定义

一、室内设计概念

室内设计是根据建筑物的使用性质、所处环境和相应标准，运用物质技术手段和建筑美学原理，创造功能合理、舒适优美、满足人们物质和精神生活需要的室内环境。这一空间环境既具有使用价值，能满足相应的功能要求，同时也反映了历史文脉、建筑风格和环境气氛等，具有精神功能。

上述含义中，明确地把"创造功能合理、舒适优美、满足人们物质和精神生活需要的室内环境"作为室内设计的目的，即以人为本，一切围绕为人的生活和生产活动创造美好的室内环境。同时，室内设计中，从整体上把握设计对象的依据因素则是：

使用性质——该建筑物和室内空间的使用功能。

所在场所——该建筑物和室内空间的周围环境状况。

经济投入——相应工程项目的总投资和单方造价标准的控制。

室内设计是建筑设计的深化，是室内空间和环境的再创造。进行设计构思时，需要运用物质技术手段，即各类装饰材料和设施设备等，这是容易理解的；还需要遵循建筑美学原理，这是因为室内设计的艺术性，除了有与绘画、雕塑等艺术之间共同的美学法则之外，作为"建筑美学"，更需要综合考虑使用功能、结构施工、材料设备和造价标准等多种因素。建筑美学总是和实用、技术、经济等因素联结在一起，这是它有别于绘画和雕塑等纯艺术的差异所在。

因此现代室内设计既有很高的艺术性要求，其涉及的设计内容又有很高的技术含量，并且与一些新兴学科，如人体工程学、环境心理学、环境物理学等，关系极为密切。现代室内设计已经在环境设计中发展成为独立的新兴学科。

二、室内装饰、装修和设计的区别与联系

室内装饰或装潢、室内装修和室内设计，是几个通常为人们所认同的词，但在内在含义上有所区别。

室内装饰或装潢：装饰和装潢原意是指“器物或商品外表”的“修饰”，着重从视觉艺术的角度探讨和研究问题。例如对室内地面、墙面和顶棚等各界面的处理，装饰材料的选用，也可能包括对家具、灯具、陈设和小品的选用、配置和设计。

室内装修：着重于工程技术、施工工艺和构造做法等方面，顾名思义，主要是指土建施工完成之后，对室内各个界面、门窗和隔断等最终的装修工程。

室内设计：是综合的室内环境设计，既包括视觉环境和工程技术等方面，也包括声、光、热等物理环境以及氛围、意境等心理环境和文化内涵等内容。

第二节　室内设计的内容

现代室内设计涉及的面很广，其设计的主要内容可以归纳为以下三个方面。这三个方面的内容，相互之间又有一定的内在联系。

一、室内空间组织和界面处理

室内设计的空间组织，包含室内平面布置。首先，需要了解室内设计的功能和性质，了解客户的需求；其次，充分理解原有建筑设计的意图，对建筑物的总体布局、功能分析、人流动向以及结构体系等有深入的理解；最后，在室内设计时对室内空间和平面布置予以完善、调整或再创造。由于现代社会生活节奏加快，建筑功能发展中出现很多变化，所以需要对室内空间进行改造或重新组织，这在当前对各类建筑的更新改建任务中是最为常见的。室内空间组织和平面布置，也必然包括对室内空间各界面围合方式的设计。

室内界面，是指构成室内空间的各个围合——底界面、册界面和顶界面等。可根据各界面的使用功能和特点进行设计，涉及界面的形状、图形线脚、肌理构成的设计，以及界面和结构的连接构造，界面和风、水、电等管线设施的协调配合等方面的设计。图1-1采用壁式储存的方式来装饰整面墙体。图1-2是由室内地面局部下沉而形成的下沉式空间，具有隐蔽感、保护感和宁静感；下沉式围合使其成为具有一定私密性的小天地，人们在其中休息、交谈也会倍感亲切。

图1-1　壁式储物柜

图1-2　下沉式空间

二、室内光照、色彩设计和材质选用

正是有了光，人眼才能够分清不同的建筑形体和细部。光照是人们对外界视觉感受的前提。室内光照是指室内环境的天然采光和人工照明，光照除了能满足正常工作生活环境的采光和照明要求外，还能有效地起到烘托室内环境气氛的作用。

光和色不能分离，除了色光以外，色彩还必须依附于界面、家具、室内织物和绿化等物体。室内色彩设计需要根据建筑物的性格、室内使用性质、工作活动特点和停留时间长短等因素，确定室内主色调，选择适当的色彩配置。如图 1-3 所示，采用大面积的白色配以适当的暗红色作为室内主色调，使鲜艳的红色显得并不刺眼。色彩是室内设计中最为生动和活跃的因素，室内色彩往往给人们留下室内环境的第一印象。色彩是最具表现力的设计因素，能通过人们的视觉形成丰富的联想、深刻的寓意和象征。

材料质地的选用，是室内设计中直接关系到实用效果和经济效益的重要环节，巧于用材是室内设计中的一大学问。饰面材料的选用，同时具有满足使用功能和人们身心感受两方面的要求，如坚硬、平整的花岗石地面，平滑、精巧的镜面饰面，轻柔、细软的室内纺织品，自然、亲切的本质面材等。室内设计毕竟不能只停留于一幅彩稿，设计中的形、色，最终必须和所选“载体”—— 材质相统一。如图 1-4 所示，充分利用材料产生肌理的对比，配合大地色营造出浓厚的乡村风格。

图 1-3　色彩的重复运用

图 1-4　材料肌理的对比运用

三、室内内含物——家具、陈设、灯具、绿化等的设计和选用

家具、陈设、灯具、绿化等室内设计的内容，可以相对地脱离界面布置于室内空间中。在室内环境中，实用和观赏的作用都极为突出，通常它们都处于视觉中显著的位置，家具还直接与人体相接触，感受距离最为接近。家具、陈设、灯具、绿化等对烘托室内环境气氛，形成室内设计风格等方面起到举足轻重的作用（图 1-5 ～图 1-8）。

室内绿化在现代室内设计中具有不能代替的特殊作用。室内绿化具有改变室内小气候和吸附粉尘的功能，更为主要的是，室内绿化使室内环境生机勃勃，带来自然气息，令人赏心悦目，起到柔化室内人工环境、协调和平衡人们心理的作用。

图 1-5　客厅别墅的家居运用

图 1-6　简约公寓的灯具运用

图 1-7　环保时尚公寓的陈设运用

图 1-8　温馨公寓的绿化运用

第三节　室内设计的依据和要求

现代室内设计考虑问题的出发点和最终目的都是为了满足人们生活和生产活动的需要，为人们创造理想的室内空间环境。一经确定的室内空间环境，同样也能启发、引导甚至在一定程度上改变人们活动于其间的生活方式和行为模式。为了创造一个理想的室内空间环境，我们必须了解室内设计的依据和要求，并知道现代室内设计所具有的特点及其发展趋势。

一、室内设计的依据

室内设计作为环境设计系列中的一环，事先必须充分掌握所在建筑物的功能特点、设计意图、结构构成和设施设备等情况，进而了解建筑物所在地区的室外环境。具体地说，室内设计主要有以下各项依据。

（一）人体尺度以及人们在室内停留、活动、交往和通行时的空间范围

室内设计时应考虑人体的尺度和动作域所需的尺寸和空间范围，人们交往时符合心理要求的人际距离，以及人们在室内通行时各处的通道宽度。人体的尺度，即人体在室内完成各种动作时的活动范围，是确定室内诸如门扇的高宽度、踏步的高宽度、窗台阳台的高度、家具的尺寸及其相间距离，以及楼梯

平台、室内净高等的最小高度的基本依据，从人们的心理感受考虑，在不同性质的室内空间内还要顾及满足人们心理感受需求的最佳空间范围。上述依据的因素可以归纳为静态尺度、动态活动范围和心理需求范围。

（二）家具、灯具、设备和陈设等尺寸，以及使用、安置它们时所需的空间范围

室内空间里，除了人的活动外，主要占有空间的内含物是家具、灯具和设备。对于灯具、空调设备和卫生洁具等，除了有本身的尺寸以及使用、安置时必须的空间范围之外，值得注意的是，此类设备和设施，由于建筑物的土建设计与施工对管网布线等都已有整体布置，室内设计时应尽可能在它们的接口处予以连接和协调。出风口、灯具位置等应满足使用功能和造型的要求，有时也允许在接口上稍做调整。

（三）室内空间的结构和构件尺寸，设施管线等的尺寸和制约条件

室内空间的结构体系、柱网的开间间距、楼面的板厚梁高、风管的断面尺寸以及水电管线的走向和铺设要求等，都是组织室内空间时必须考虑的。有些设施内容，如风管的断面尺寸、水管的走向等，在与有关工种的协调下可做调整，但仍然是必要的依据条件和制约因素。例如，集中空调的风管通常在板底下设置；计算机房的各种电缆管线常铺设在架空地板内。室内空间的竖向尺寸在设计时就必须考虑这些因素。

（四）符合设计环境要求、可供选用的装饰材料和可行的施工工艺

由设计设想变成现实，必须动用可供选用的地面、墙面和顶棚等各个界面的装饰材料，采用可行的施工工艺，以保证设计图顺利绘制。

（五）已确定的投资限额和建设标准，以及设计任务要求的工程施工期限

具体、明确的经济和时间概念，是一切现代设计工程的重要前提。室内设计与建筑设计的不同之处在于：同样一个项目，不同方案的建筑土建单方造价比较接近，而不同建设标准的室内装修单方造价可以相差几倍甚至十几倍。例如一般社会旅馆大堂的室内装修费用单方造价1000元左右，而五星级旅馆大堂的单方造价可以高达8000～10000元。可见对室内设计来说，投资限额与建设标准是室内设计必须考虑的因素。同时，不同的工程施工期限，将导致室内设计中不同的装饰材料安装工艺以及界面设计处理手法。正如本书第二章第三节，有关室内设计的程序步骤所提到，在工程设计时，建设单位提出的设计任务书，以及有关的规范和定额标准，也都是室内设计的依据文件。此外，原有建筑物的建筑总体布局和建筑设计总体构思也是室内设计时的重要设计依据。

二、室内设计的要求

室内设计的要求主要有以下各项：

1）具有使用合理的室内空间组织和平面布局，提供符合使用要求的室内声、光、热效应，以满足室内环境物质功能的需要。

2）具有造型优美的空间构成和界面处理，宜人的光、色和材质配置，符合建筑物性格的环境气氛，以满足室内环境精神功能的需要。

3）采用合理的装修构造和技术措施，选择合适的装饰材料和设施设备，使其具有良好的经济效益。

4）符合安全疏散、防火和卫生等设计规范，遵守与设计任务相适应的有关定额标准。

5）随着时间的推移，考虑具有适应调整室内功能、更新装饰材料和设备的可能性。

6）根据可持续性发展的要求，室内环境设计应考虑室内环境的节能、节材、环保等，并注意充分利用和节省室内空间。

从上述室内设计的依据条件和设计要求来看，室内设计师应具有一定的知识和素养水平，或者说，应该按下述各项要求的方向，去努力提高自己。

1）具有建筑单位设计和环境总体设计的基本知识，特别是具有建筑单体功能分析、平面布局、空间组织和形体设计的必要知识；具有对总体环境艺术和建筑艺术的理解和素养。

2）具有建筑材料、装饰材料、建筑结构与构造、施工技术等建筑材料和建筑技术方面的必要知识。

3）具有对声、光、热等建筑物理，以及风、光、电等建筑设备的必备知识。

4）对一些学科，如人体工程学、环境心理学等，以及现代计算机技术具有必要的知识和了解。

5）具有较好的艺术素养和设计表达能力，对历史传统、人文民俗和乡土风情等有一定的了解。

6）熟悉有关建筑和室内设计的规章和法规。

第四节　室内设计的风格

一、风格的成因和影响

风格即风度品格，体现创作中的艺术特色和个性。室内设计的风格属于室内环境中的艺术造型和精神功能范畴。室内设计的风格往往与建筑甚至家具的风格及流派紧密结合，有时与相应时期的绘画、造型艺术，甚至文学、音乐等的风格和流派紧密结合。有时，相应时期的绘画、造型艺术，甚至文学、音乐等的风格和流派为其渊源，并相互影响。

室内设计风格的形成，是不同的时代思潮和地区特点通过创作构思逐渐发展成为具有代表性的室内设计形式。一种典型风格的形式，通常与当地的人文因素和自然条件密切相关。

风格虽然表现于形式，但风格具有艺术、文化和社会发展等深刻的内涵；从这一深层含义来说，风格又不停留或等同于形式。需要着重指出的是，一种风格或流派一旦形成，会积极或消极地转而影响文化、艺术以及诸多的社会因素，并不仅仅局限于作为一种表现形式和视觉上的感受。

20 世纪 20 ～ 30 年代早期建筑理论家 M • 金兹伯格曾说过，“风格”这个词充满了模糊性。我们经常把区分艺术的最精微细致的差别的那些特征称为风格，有时候又把整整一个大时代或者几个世纪的特点称为风格。当今对室内设计风格的分类还正在进一步研究和探讨，本章后述的风格名称及分类，也不作为定论，仅作为阅读和学习时的借鉴与参考。

二、室内设计的风格

（一）个性张扬的现代前卫风格

现代前卫风格已经成为艺术家在家居设计中的首选，它比简约风格更加凸显自我、张扬个性（图 1-9 和图 1-10）。无常规的空间结构，大胆鲜明的对比，强烈的色彩布置，以及刚柔并济的选材搭配，无不让人在冷峻中寻求一种超现实的平衡，而这种平衡无疑也是对审美单一、居住理念单一和生活方式单一最有力的抨击。

图 1-9　现代前卫风格 1

图 1-10　现代前卫风格 2

（二）崇尚时尚的现代简约风格

对不少年轻人来说，事业的压力和烦琐的应酬让他们需要一个更为简单的环境给自己的身心一个放松的空间，这就是现代简约风格（图 1-11 和图 1-12）。不拘小节、没有束缚，让自由不受承重墙的限制，是不少消费者面对家居设计师时最先提出的要求。而在装修过程中，相对简单的工艺和低廉的造价，也被不少工薪阶层所接受。材料的质感对于现代简约风格十分重要，如果在选材方面过于仓促，那么简约风格很容易沦为简单的设计。现代简约风格的装修选材投入，往往不低于施工部分的资金支出。

图 1-11　现代简约风格 1

图 1-12　现代简约风格 2

（三）再现优雅与温馨的现代雅致风格

雅致风格是近几年刚刚兴起又被消费者所迅速接受的一种设计方式，尤其受到文艺界和教育界朋友的欢迎（图 1-13 和图 1-14）。在空间布局上接近现代风格，而在具体的界面形式和配线方法上则接近新古典。在选材方面应该注意颜色的和谐性。它既有欧式古典的浪漫，却又不想被高贵的烦琐束缚；既有简约的干练，又不缺少温馨。

图 1-13　现代雅致风格 1

图 1-14　现代雅致风格 2

（四）具有传统特色的新中式风格

新中式风格是相对于传统的中式风格而言的。它在设计上继承了唐代、明清时期家居理念的精华，将其中的经典元素提炼并加以丰富，同时改变原有空间布局中等级和尊卑等封建思想，给传统家居文化注入新的气息（图 1-15 和图 1-16）。这种风格没有传统的刻板但不失庄重，注重品质但免去了不必要的苛刻。尤其是新中式风格改变了传统家具“好看不好用，舒心不舒身”的弊端，加之在不同户型居室中的布置显得更加灵活，因而被越来越多的人所接受。

图 1-15　新中式风格玄关设计

图 1-16　新中式风格餐厅设计

（五）具有高贵气息的新古典风格

“形散神聚”是新古典风格的主要特点，在注重装饰效果的同时，用现代的手法和材质还原了古典气质（图 1-17 和图 1-18）。新古典风格具备了古典与现代的双重审美效果，完美的结合也让人们在享受物质文明的同时得到了精神上的慰藉。不可否认，新古典是融合风格的典型代表，但这并不意味着新古典的设计可以任意使用现代元素，更不是两种风格及其产品的堆砌。试想，在浓郁的艺术氛围中，放置一个线条简单、形态怪异的家具，其效果也会不伦不类，令人瞠目结舌。好的新古典风格的家居作品，更多地取决于配线和材质的选择，往往注重线条的搭配以及线条与线条的比例关系。

图 1-17　新古典风格 1

图 1-18　新古典风格 2

（六）华丽的欧式古典风格

作为欧洲文艺复兴时期的产物，古典主义设计风格继承了巴洛克风格中豪华、动感和多变的视觉效果，也吸取了洛可可风格中唯美、律动的细节处理元素，受到了社会上层人士的青睐。特别是古典风格中，深沉里显露尊贵、典雅中浸透豪华的设计哲学，成为成功人士奢华生活的一种写照。这种风格曲线较多，材料施工和配饰方面的投入较高，适合较大的户型。

（七）恬淡的美式乡村风格

美式乡村风格摒弃了烦琐和奢华，将不同风格中的优秀元素汇集融合，以舒适为导向，强调"回归自然"，从而显得更加轻松和舒适（图 1-19 和图 1-20）。色彩以自然色调为主，绿色和土褐色最为常见，自然、怀旧、散发着浓郁泥土芬芳的色彩是美式乡村风格的典型特征。设计中壁纸多为纯纸浆质地，家具颜色多仿旧漆且式样厚重，多有地中海样式的拱。

图 1-19　美式乡村风格 1

图 1-20　美式乡村风格 2

（八）神秘的地中海风格

地中海文明一直在很多人心中蒙着一层神秘的面纱，显得古老而遥远、宁静而深邃（图 1-21）。随处不在的浪漫主义气息和兼容并蓄的文化品位，以其极具亲和力的田园风情，很快被地中海以外的广大区域人群所接受（图 1-22）。对于久居都市，习惯了喧嚣的现代都市人而言，地中海风格给人们以返璞归真的感受，同时体现了对于更高生活质量的要求。地中海风格的室内设计在色彩上多为蓝、白色调的纯正天然的色彩（图 1-23 和图 1-24）。

图 1-21　地中海风光

图 1-22　地中海风格庭院设计

图 1-23　地中海风格公寓设计 1

图 1-24　地中海风格公寓设计 2

（九）豪华的东南亚风格

东南亚风格是一种结合了东南亚民族岛屿特色及精致文化品位的家居设计方式，比较适合喜欢静谧与雅致、文化修养较高的成功人士。该风格广泛地运用了木材和其他天然原材料，如藤条、竹子、石材、青铜和黄铜，深木色的家具，局部采用一些金色的壁纸、丝绸质感的布料，加上灯光的变化，体现出稳重及豪华感（图 1-25 和图 1-26）。

图 1-25　东南亚风格卧室设计 1

图 1-26　东南亚风格卧室设计 2

（十）混搭风格

混搭风格是一种特异的表现形式，可以摆脱沉闷、突出重点，符合当今人们追求个性和随意的生活态度。能处理好两个以上的不同风格作品在同一个空间里的搭配与协调，这样才能达到混搭目的。混搭风格糅合东西方美学精华元素，将古今文化内涵完美地结合于一体，充分利用空间形式与材料，创造出个性化的家居环境。值得注意的是，混搭并不是把各种风格的元素简单地放在一起做加法，而是有主次地把它们组合在一起。混搭是否成功，关键看是否和谐。最简单的方法是确定家具的主风格，用配饰和家纺等来搭配。中西元素的混搭是主流，其次还有现代与传统的混搭。在同一个空间里，不管是“传统与现代”还是“中西合璧”，都要以一种风格为主，可依靠局部设计增添空间的层次（图 1-27 和图 1-28）。

图 1-27　中西混搭卧室设计

图 1-28　中西混搭客厅设计

思考与习题

1. 室内装饰、装修和设计的区别与联系有哪些？
2. 室内设计涉及哪几个方面的内容？
3. 室内设计包含哪些风格？这些风格有哪些特点？

第二章　室内设计的程序与方法

学习目标

通过学习室内设计程序与方法，掌握室内设计的基本流程及有效的设计方法，从而为室内设计后期学习打下良好的基础。

学习重点

室内设计的程序
室内设计的方法

学习建议

1. 将课堂学习与企业实践相结合，拓展设计相关知识。
2. 参与设计项目，掌握室内设计流程。

第一节　室内设计的程序

室内设计程序是指在理性的指导下有目的地实施室内设计的次序。室内设计程序是设计师们在长期设计实践中摸索出来的，是一种有目的的自觉行为，是对经验及规律的总结，并会随设计活动的发展而赋予新的内容。虽然室内设计的内容不一样，其设计程序也会有一定变化，但是从总体上来看，室内设计主要可分为四个阶段来展开，包括设计前期准备阶段、室内方案图设计阶段、室内施工图设计阶段和设计实施阶段。

一、设计前期准备

（一）现场观察与测量

设计师们进行室内设计的第一步就是需要进行现场观察和测量，如果没有对现场进行观察和测量就不可能准确地绘制图纸，通常业主会提供原始平面图纸，但为了尺寸准确，设计师需到现场进行核实。

1. 现场观察

现场观察可分为初步观察和深入观察两部分。初步观察时要在脑海中构筑出一个相同的空间，需要设计师有很好的记忆力和空间想象力，同时也可借助相机对空间中结构复杂的地方进行拍照记忆（图 2-1 和图 2-2）。深入观察时要注意：功能区之间的过渡，室内承重结构、朝向、采光、通风，原有水电配套系统，建筑周围环境的基本情况。

图 2-1　室内原始结构图梁架结构 1

图 2-2　室内原始结构图梁架结构 2

2. 现场测量

现场测量主要包含具体空间尺寸的测量、细节尺寸的测量以及梁、柱、层高的测量等（图 2-3 和图 2-4）。在测量的过程中不能忽视空间中的细节尺寸，如楼梯拐角、门窗的宽度及高度、空间转换之处等。可以通过快速手绘表现、文字、拍照以及摄像等方法进行记录。

图 2-3　现场测量和尺寸记录 1

图 2-4　现场测量和尺寸记录 2

（二）与业主进行沟通

与业主进行沟通可以让设计师很快地掌握该设计项目的使用要求、性质、规模、使用特色以及工程造价等信息。设计师应尊重客户提供的意见，并积极提出自己的想法和建议，提升项目的可行性。设计师与客户的沟通和交流应该是随时性的，以便发现问题能够及时得到解决，避免在设计和施工中产生不必要的损失，增加工程造价和延误工期。

（三）收集相关资料

根据设计任务和要求，如功能、造价和使用性质等，收集和分析有关资料。相关资料的收集是前期准备工作中的重要组成部分。特别对于一些工程复杂、性质特殊的设计项目，收集和分析相关的资料及信息是十分有必要的。查阅相关设计项目的资料，也能起到借鉴和提高的作用。

（四）编制项目进度表

编制项目进度表，可以对项目的进度进行严格安排，从而保证工程质量。图 2-5 为室内装饰装修工程进度表。

室内装饰装修工程进度表

年　　月　　日

项目名称		工 期	天	设计师		项目经理	

序	项目名称＼进度	
1	拆除部分	
2	砌砖、批荡、防漏	
3	水电管线刨坑铺设	
4	铺地砖、贴瓷片	
5	天花部分	
6	木质底架、门框	
7	木质贴饰面部分	
8	油漆、底漆部分	
9	安装玻璃部分	
10	天花、墙身扇灰、涂料	
11	安装电制面、灯饰	
12	油漆、面漆部分	
13	安装五金配件	
14	泥水收尾	
15	其他项目部分	

图 2-5　室内装饰装修工程进度表

二、室内方案图设计

（一）草图阶段

对室内空间及各区域的关系以图示的方法进行进一步分析和研究，结合文字及前期准备阶段的一些资料与视频材料做出创造性的综合分析。

（二）初步方案的确定

室内设计师可结合自己的专业知识及经验，对室内空间进行创造性的规划和组合，并通过草图表达设计构思，包括室内功能分区、交通人流、空间分割、家具摆放和空间形象等内容。这些草图通过不断评估和修改最后可形成一个或多个成型的方案。

（三）确定实施方案

通过与客户的多次沟通和交流，在所绘制的方案设计中选择一套最适宜的方案确定为最终方案图。图纸包括室内平面布置图、顶棚图、立面展开图、装饰材料、设计说明及预算等。为了美观和显得有档次，我们平时看到的楼盘宣传册所列出的户型图几乎都做成了室内彩色平面布置图（图 2-6 和图 2-7）。这一工程还需要设计师有较强的语言表达能力和沟通能力以最终打动客户，如时间允许的话可出一些三维效果图去更好地表达设计方案，这样有助于客户对方案的理解，以免在方案施工后发现问题，造成经济损失。

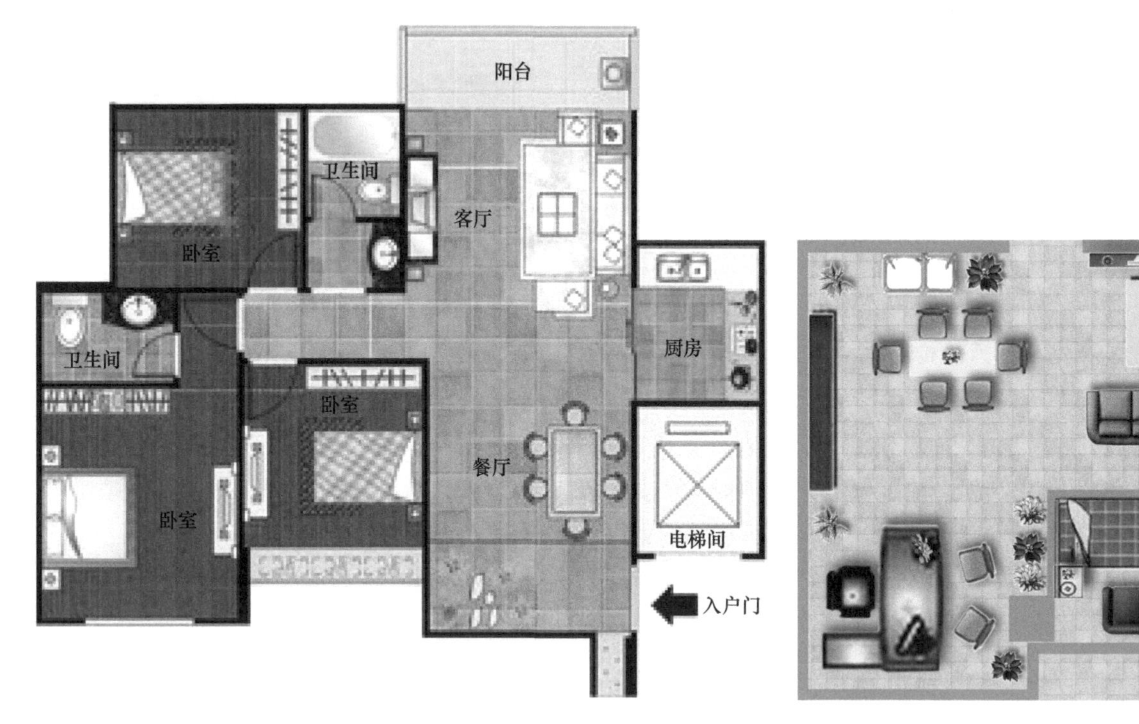

图 2-6　室内彩色平面布置图 1

图 2-7　室内彩色平面布置图 2

三、室内施工图设计

在与客户的沟通过程中确定方案以后，就可以绘制施工图纸了。施工图纸包括以下几个内容。

1）补充施工所必要的有关平面布置、室内立面布置等图纸，如地面铺设、面积周长和尺寸定位等。

2）增加构造详图、细部大样图和与之配套的水、电、暖、空调、消防等设施管线图。

3）编制施工说明和造价预算表。

施工图是设计师与工程承包方、施工技术人员交流的重要参考资料。精确地绘制施工图是保证成功的重要环节，因此必须保证图纸的可识别性。

四、设计实施

1）设计人员向施工单位进行设计意图的说明、图纸与技术的交底。

2）按图纸对施工现场进行检验，有必要需做出局部修改和调整，注重与各部门以及原建筑设计的衔接。

3）与质检部门及委托单位进行验收。

思考与习题

1. 室内设计的基本流程分为哪几个阶段？
2. 设计前期阶段要做哪些工作？
3. 如何掌握客户的基本需求？

第二节 室内设计的方法

室内设计方法是指在室内设计过程中创造性的思维方式和科学理性的工作步骤。室内设计方法的另一种含义是指室内设计师们在实际的和复杂的工作领域中所形成的一种创造性思维和循序渐进的工作方法。

一、图式思维方法

图式思维方法，是借助图形来表达设计思维，对设计方案的创作进行一系列分析图解的方法。该方法不仅能快速表现设计师的构思，同时也是设计师与其他相关人员之间交流沟通的纽带。

运用图式思维表达设计构思，需要设计师们熟练运用徒手画技巧，把设计构思的发展过程用草图的形式表现，然后进行综合分析和比较，从而制作出功能合理、实用美观的设计方案。进行徒手画训练的有效方法是勤学多练，经常临摹优秀的设计案例，这样既可收集资料又可捕捉突发的灵感，同时强化自己的表现技巧。要想在设计中能够得心应手地运用图式思维法，不仅需要熟练地掌握徒手画技巧，还需要具有敏捷的思维能力。图式思维方法可借助如图 2-8 ～图 2-10 所示的训练方式获得。

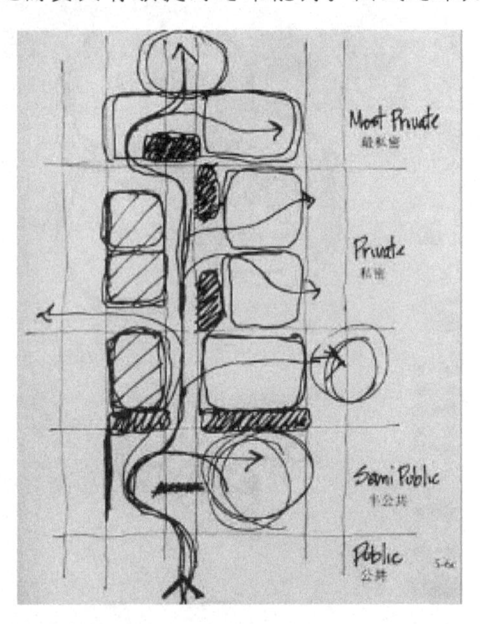

图 2-8　图式思维方法的运用 1

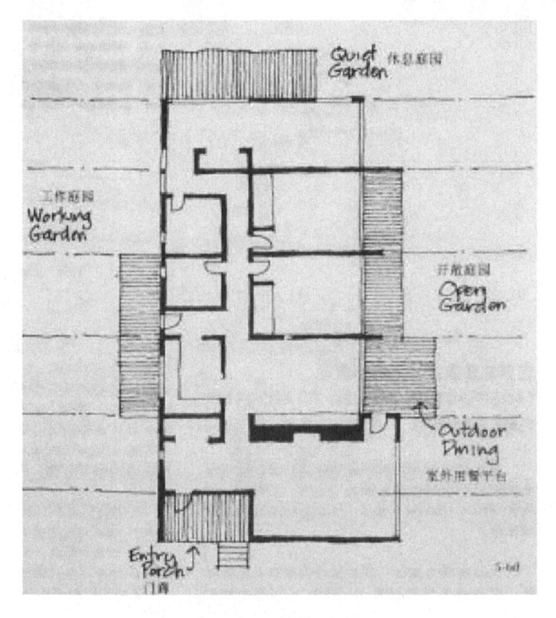

图 2-9　图式思维方法的运用 2

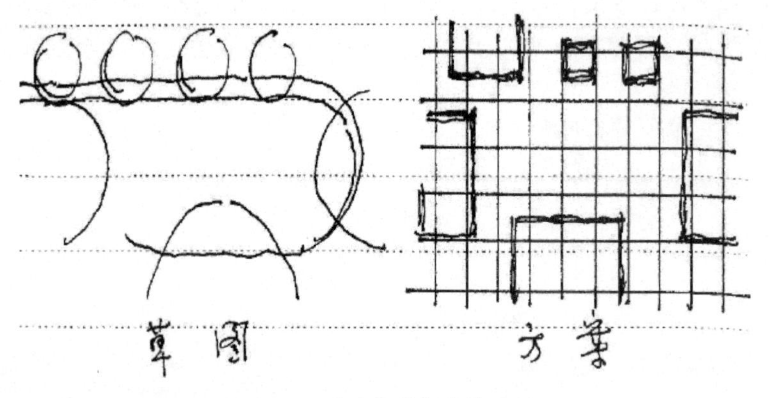

图 2-10　图式思维方法的运用 3

（一）空间构成训练法

选择一张建筑照片，设想通过一些简单的几何形态来构成该建筑的各种方法，运用几何模型对空间构成进行训练（图 2-11）。

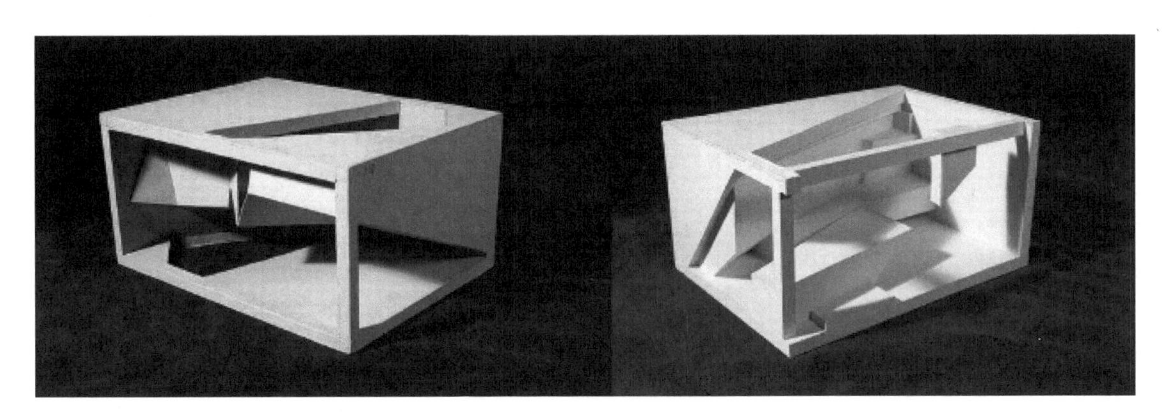

图 2-11　运用几何模型对空间构成进行训练

（二）视觉空间想象训练法

截取某一优秀建筑或室内的局部，通过想象完成其他部分。通过正向或逆向思考，在看来毫不相干的概念之间寻求合理的关联。

（三）逆向思维训练法

经常把事物的作用、结果、条件和方式反过来思考，激发创意。例如通常人在道路上行走时，路不动，人在走动，通过逆向思维，人不走动同样可以到达另一个地方，人类便发明了汽车和火车等交通工具。

二、行为学

行为学是以人类行为为课题的科学，它涵盖经济学、社会学、人类学和心理学等诸多学科的行为问题。而与环境设计有关的行为学与上述有紧密的联系同时又有所区别，它主要研究人与环境的关系、人的行为、场所理论、私密性与领域感、认知地图等各种行为理论。环境设计的最终目标是为人提供舒适的环境。具体而言，行为学有以下三种行为模式。

（一）再现模式

通过观察，忠实地描绘和再现人在空间中的行为，主要用于分析和评价环境，了解环境的实际使用情况。例如了解顾客在商店的购物流程，就知道展位的摆放、通道的大小、货架的大小、橱窗的设计以及出入口的位置等。

（二）计划模式

计划模式是根据设计计划的方向和条件，将人在环境中可能出现的行为状态表现出来。这是环境设计主要采用的一种设计方式。例如设计住宅空间，需要了解客户的家庭人员构成、基本生活方式、审美兴趣和大概预算等内容。

（三）预测模式

预测模式是预测人在空间中的行为状态，用来分析空间环境设计的可行性。例如设计一间办公室，可根据办公人员和办公性质的要求，做出几种可能的方案，再对方案进行预测分析，得出一个更合理的方案。

思考与习题

1. 室内设计的方法有哪两种？
2. 图式思维法可借助哪些训练方式获得？
3. 行为学有哪三种模式？

第三章　室内空间与界面处理

学习目标

本章通过学习室内空间与界面处理，了解室内空间大小和形态的构成方式，掌握怎样通过界面处理使室内空间丰富多彩、层次分明，又能赋予室内空间以特性。

学习重点

室内空间的类型

室内空间界面的处理

学习建议

1. 结合课程学习，选择相关的书籍、网站进行阅读和浏览，以拓展理论知识。
2. 在生活中对室内空间的划分和界面处理多观察、分析和总结。

第一节　室内空间的概念与类型

一、室内空间的概念

室内空间由地面、墙面和顶面三部分围合而成，这三部分决定了室内空间的大小和形态。

在室内装饰中，地面和墙面是衬托人和家具、陈设的背景，而顶面的差异使室内空间更富有变化。地面是指室内空间的底面。地面作为室内空间中与人体关系最为接近的平整基面，是室内空间设计的主要组成部分。其设计应按照功能区域的不同，进行明确划分。墙面是指室内空间的墙面（包括隔断），是构成室内外空间的重要部分，对控制空间序列、创造空间形象有着重要作用。顶面是指室内空间的顶界面，是区别室内外空间的主要标志。例如徒具四壁的空间，只能称为“院子”或“天井”，因为它们是露天的。

室内空间，相对于自然空间，处于相对的环境。外部和大自然发生关系，如天空、阳光、太阳、山水和树木花草；内部主要和人工因素发生关系，如地面、家具、灯光和陈设等。室外是无限的，室内是有限的。相对来说，室内空间对人的视角、视距及方位等都有一定的影响。由空间采光、照明、色彩、装修、家具和陈设等多种因素综合构成的室内空间，在人的心理上产生比室外空间更强的感受力，从而影响到人的生理和精神状态。这种人工性、局限性、隔离性、封闭性及贴近性，使室内空间被称为“人的第二层皮肤”。

二、室内空间的功能与空间类型

室内空间的功能包括物质功能和精神功能。物质功能能满足人们使用上的要求，如合适的空间面积、家具、设备布置、交通组织、疏散和消防等，以及良好的采光、照明、通风、隔声和隔热等物理环境。精神功能则是能在满足物质需求的同时，从人的文化和心理需求出发，去满足人们的心理期待、审美等，使人们获得精神上的满足和美的享受。

综上，室内环境的空间类型取决于人们丰富多彩的物质和精神需求。

（一）固定空间与可变空间

固定空间常为一种功能明确、位置固定的空间，是由墙、顶、地围合而成的室内主空间。例如目前居住建筑设计中常将厨房和卫生间作为固定不变的空间，确定其位置后，其余空间可以按用户需要自由分隔。如图 3-1 所示，美国 A • 格罗斯曼住宅平面以厨房、洗衣房和浴室为核心，作为固定空间，尽端为卧室，通过较长的走廊，加强了私密性；在住宅的另一端，以不到顶的大储藏室隔墙，分隔出学习室、起居室和餐室。

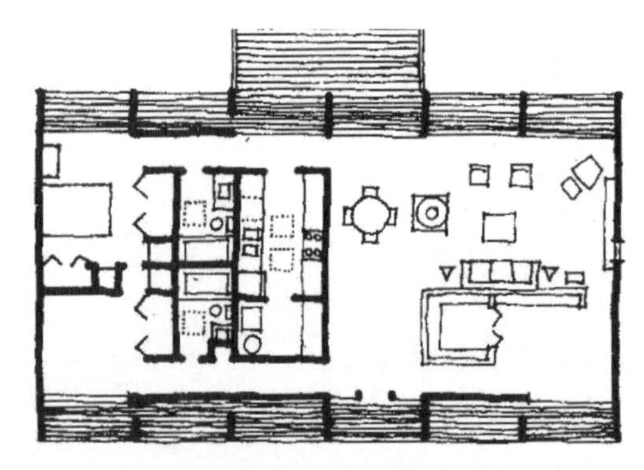

图 3-1　美国 A • 格罗斯曼住宅

可变空间即次空间，为了能适合不同使用功能的需要，在固定空间内进行再次划分，常采用灵活可变的分隔方式，如隔断、隔墙、家具、折叠门、绿化和水体等。如图 3-2 和图 3-3 所示，日式住宅的墙面很少，多以固定规格的障子间隔，因此只要开关或移动障子，即可自由改变房间大小，在婚丧喜庆需要宴客或接待亲友时，拥有弹性空间得以轻松应对。

图 3-2　日本室内营造的可变空间

图 3-3　日式住宅室内设计

（二）静态空间与动态空间

静态空间的形式比较稳定，常采用对称式和垂直水平界面处理。空间比较封闭，功能较为明确，构成比较单一，视觉常被引导在一个方位或落在一个点上，空间常表现得非常清晰明确，一目了然。例如会议室往往采用对称式的布置，四周通常采用陈列家具的方式形成一个围合空间，采用协调、均衡的比例尺度使空间具有相对和谐的感觉；在装饰上，顶棚与地面上下呼应；灯具通常位于该空间的几何中心，使视觉感官集中于一点，符合于会议室的功能需求。

静态空间往往具有以下特点：

1）空间的限定度较高，趋于封闭型。

2）多为对称空间，可左右对称，也可四面对称，从而达到一种静态平衡。除了向心、离心以外，较少有其他空间倾向。

3）多为尽端空间，空间私密性较强，代表空间序列到此结束。

4）色彩淡雅、协调，光线柔和，装饰简洁。

5）空间及陈设的比例、尺度协调，无大起大落之感。

6）没有强制性的、过分刺激的视觉引导因素，人在空间中视觉转移平和。

动态空间又称为流动空间，引导人们从“动”的角度观察事物，把人们带到一个由三维空间和时间相结合组成的四维空间，具有空间开敞性和视觉导向性的特点。界面组织具有连续性和节奏性，空间构成形式富有变化性和多样性，常使视线从这一点转向另一点。例如电梯、自动代步的扶梯和人流传送带等，再加上人的各种活动，形成丰富的动势；旋转式的楼梯形成流畅的曲线，极富动感，同时也具有观赏性（图3-4）；也可选取自然景观中具有动感要素的设计，运用瀑布、花木、喷泉和阳光等元素，营造富有自然气息的空间氛围，充分利用自上而下的流水和自下而上的电梯形成一种反向的动势（图3-5）；还可以用动静对比的方式，用一些静态元素突出动势。

图3-4　线型优美的旋转楼梯

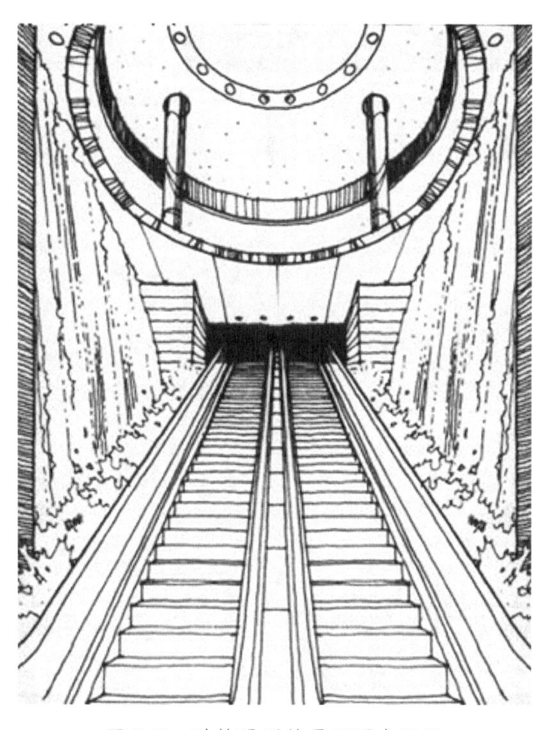

图3-5　动势强烈的景观要素运用

（三）封闭空间与开敞空间

封闭空间是用限定性较高的实体围合起来的空间，是具有内向性和拒绝性的隔离型空间，有很强的领域感、安全感和私密感。诸如卧室、酒吧、会议室和阅览室等空间，需要把人们的注意力集中于内部，设计较为封闭。为了打破封闭的沉闷感，可以采用灯、窗、人造景窗和镜面等方式来增加空间层次感。图3-6所示为一个封闭的展示空间，运用顶棚上具有导向性的元素进行装饰，具有时尚感和未来感。

开敞空间是指与外部空间联系相对较多的空间，具有外向性、限定性和私密性较小的特点，强调与周围环境的交流、渗透，采用对景和借景的方式，讲究与大自然或周围空间的融合。其开敞的程度取决于侧界面的围合程度、开洞的大小及启闭的控制能力。相同面积的封闭空间与开敞空间相比较，开敞空间显得相对较大。开敞空间经常作为室内外的过渡空间，应有一定的流动性和趣味性。图 3-7 所示为开敞式的私人休闲洗浴空间设计，将海景最大限度地融入到设计中，地中海式的颜色搭配显得舒适而悠闲。

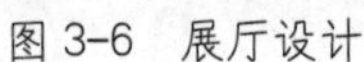

图 3-6　展厅设计

图 3-7　地中海式的洗浴设计

思考与习题

1. 室内空间由哪三部分围合而成？
2. 室内空间有哪两种功能？
3. 室内环境空间包含哪些类型？

第二节　室内空间的界面处理

一、室内空间界面设计的原则

室内空间的界面是指围合成室内空间的地面、垂直面和顶面。这些决定室内空间容量和形态的界面实体，既能使室内空间丰富多彩、层次分明，又能赋予室内空间以特性，同时有助于加强室内空间的完整性。室内界面设计包括造型设计与构造设计两个部分。造型设计涉及色彩、形状、尺度、图案与质地，要求与总体设计意图统一。构造设计涉及材料、连接方式和施工工艺等，要求安全、坚固、合理。它既是构成室内空间的物质元素，又是室内进行再创造的有形实体。

总的来说，界面的处理要遵循以下几个原则：满足耐久性、阻燃性、环保性要求；方便施工；保温隔热，隔声吸声；造型美观，具有特色；用材合理，造价适宜。

二、室内空间界面的功能特点

（1）底界面　具有耐磨、防滑、易清洁和防静电等功能特点。
（2）侧界面　具有遮挡视线，较高的隔声、吸声、保温和隔热等功能特点。
（3）顶界面　具有质轻，光反射率高，较高的隔声、吸声、保温和隔热等功能特点。

三、底界面——地面设计

底界面即室内空间的底部，也称地面。常用材料包括不同色彩的大理石、水磨石、瓷砖、木地板、塑胶地板、地毯和马赛克等。不同质地和表面加工的材料，能给人以不同的视觉感受。底界面的设计一般有三种构成形式：水平地面、抬高地面和下沉地面。

（1）水平地面　整体性比较强，在平面上无明显高差，空间连续性和模糊性好，但可识别性和领域感较差，在设计中可通过采用不同色彩或材质的地面来增强室内空间领域划分感。

（2）抬高地面　在较大空间中，将水平基面局部抬高，使空间层次分明，同时也使被抬高空间成为视觉焦点。抬高地面的方法可以使抬高部分具有明显的展示性和陈列性，是一种对大空间进行限定的有效且常用的形式。例如教室中的讲台和舞厅中的舞台都是采用的这种处理手法。如图 3-8 所示，居住空间中的跃层户型通过抬高底界面来丰富空间的视觉感受。

（3）下沉地面　与抬高地面完全相反，下沉地面是将空间中部分地面降低，以限定不同的空间范围。同样的降低地面的手法可以丰富大空间的形体变化，同时可以借助材料、质感和色彩等元素的对比处理表现出更具独特的个体空间。图 3-9 所示为某别墅内下沉式的会客区，下沉式设计使空间具有较强的保护性和内向性。

图 3-8　跃层户型中底界面抬高

图 3-9　某别墅的会客区

四、侧界面——墙面、隔断设计

侧界面即室内空间的墙面以及竖向隔断，是人的视线中所占比重最大、空间中最活跃、视觉感觉最强烈的部分。在室内空间限定中，垂直面在空间中具有很强的限定性，而限定性的大小取决于墙面或隔断的高度。

（1）高度小于 60cm　空间基本无围合感，空间连续性较强。

（2）高度达到 150cm　开始有围合感，但仍保持连续性。

（3）高度在 200cm 以上　具有强烈围合感，失去连续性，完全划分为两个空间。

由于侧界面在一个空间中数量较多，因此其布局形式较为重要。常见的布局形式有三种：L 形垂直面、平行垂直面、U 形垂直面。

（1）L 形垂直面　常用于围合感较弱的静态空间，适合作为休息或交谈空间，如图 3-10 所示。

图 3-10　L 形垂直面

（2）平行垂直面　具有较强的导向性和方向感，属于外向型空间，如走廊、坡道等，如图 3-11 所示。

（3）U 形垂直面　围合感和方位感较强，增强了空间的渗透感，是一种较为常见的空间形式，如图 3-12 所示。

图 3-11　平行垂直面

图 3-12　U 形垂直面

五、顶界面——顶棚设计

顶界面即室内空间的顶部，也称为顶棚，是室内空间设计中较为重要的设计要素。常用的顶棚材料有石膏板、铝扣板、金属、木材和镜面等。顶界面的设计可利用局部的降低或抬高来划分空间，塑造一种丰富、有层次的空间感，再配以各种造型的灯具增强顶面的艺术感染力。顶界面的设计形式主要有两种。第一种，在楼板下直接用喷、涂等方法进行装修的平顶。此类设计整体感较强，朴素大方，构造简单，往往通过顶面的形状、质地、图案及灯具的有机配置来增加艺术感染力，常用发光龛和发光顶棚等照明，适用于教室、办公室及展览厅等。第二种，在楼板之下，另做吊顶。此类设计华美富丽，立体感强，适用于舞厅、餐厅、门厅和客厅等，如图 3-13 和图 3-14 所示，但要注意其设计要与整体风格相统一，并着重强调自身节奏感、韵律感以及整体空间的艺术性。

图 3-13　时尚餐饮空间顶棚设计

图 3-14　酒店门厅吊顶设计

思考与习题

1. 室内空间由哪几个界面围合而成？
2. 室内界面的特点分别是什么？
3. 底界面的设计一般包含哪几种构成方式？
4. 墙面的高度与侧界面的围合感有什么关联？

第四章　室内空间色彩配置

学习目标

通过学习色彩基础概念、室内色彩对心理的暗示、室内色彩配色原则和室内色彩常用配色方式，掌握在室内设计中的色彩运用。

学习重点

各种色彩对人不同的心理暗示
室内色彩的配色原则
室内色彩常用的配色方式

学习建议

1. 结合课堂学习选择相关的书籍阅读，拓展理论知识。
2. 在生活中多留意身边设计作品中配色的运用，提高自我欣赏水平，能辨别好的配色作品，并将其借鉴到自己的设计中。

第一节　室内色彩的基本概念

最佳的室内设计是形状、空间、冷暖、质地和色彩的和谐搭配，因而色彩是每项设计中不可或缺的基本组成部分。它将融合到设计的各类因素中，成为客户对设计满意度的重要影响因素。

一、固有色、光源色和环境色

在实际的色彩写生中，色彩的条件因素包括三个，即固有色、光源色和环境色（图 4-1 和图 4-2）。第一是固有色，也就是静物在我们眼中的色彩；第二是光源色，取决于光源的色彩；第三是环境色，取决于静物周围的颜色，如背景和周围其他静物的色彩。

图 4-1　静物

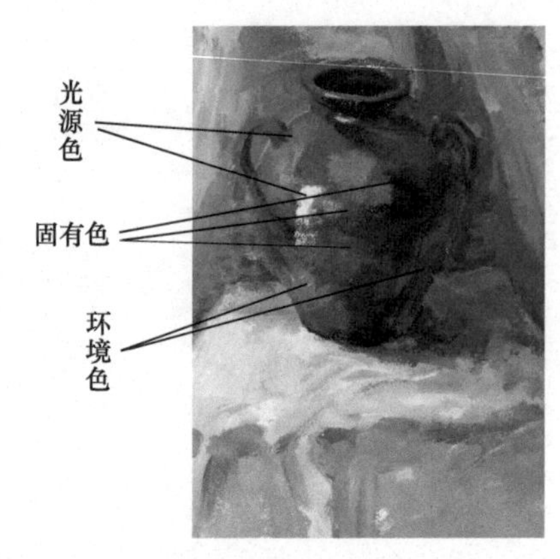

图 4-2　水粉静物写生

（一）固有色

固有色是指物体在白色光的照射下呈现的色彩，如红花、绿叶、蓝天和白云等。由此人们提出了一系列问题，如天为什么是蓝色？云为什么是白色？色彩又是如何形成的？

17 世纪后半期，英国科学家牛顿进行了著名的色散实验，即运用三棱镜在墙上映射出一条七色组成的光带，同时，七色光束如果再通过一个三棱镜还能还原成白光。牛顿之后的大量科学研究成果进一步告知我们，色彩是以色光为主体的客观存在，对于人则是一种视像感觉。产生这种感觉基于三种因素：一是光；二是物体对光的反射；三是人的视觉器官——眼。实际上自然界中的物体本身并没有颜色，它的形成是由不同波长的可见光投射到物体上，有一部分波长的光被物体吸收，一部分波长的光被反射出来刺激人的眼睛，经过视神经传递到大脑，形成物体的色彩信息。

（二）光源色

光源色是指受光物体所呈现的其所受光的颜色。同一物体在不同颜色的光源照射下，会呈现不同的色彩倾向及冷暖。例如一件白色的瓷器，在红色的光源下呈现红色，在绿色光源下呈现绿色。因此，一个物体在光的照射下呈现的颜色是由光源色决定的。

光源有阳光、天光、白炽光和电灯光等。光源色的色彩倾向越明显，对物体色彩的影响就越大。

（三）环境色

环境色是物体对所处环境色彩的反映，物体表面受光源照射时，除吸收主要发光体（或反光体）的照射外，同时还可能受到次要发光体（或反光体）的影响，只是影响比前者弱，次要发光体（主要是反光体）所呈色彩在物体暗面的反映，就是环境色。每一种物体都向它周围空间反射色彩，如果这个物体呈蓝色，那么它必然会反射出蓝光，而对近旁的物体便形成了环境色。物体表面越光滑，这种反射对周围的影响就越明显。简单概括起来，环境色是你中有我，我中有你。

物体表面受到光照后，除吸收一定的光外，也能反射到周围的物体上，尤其是光滑的材质具有强烈的反射作用，另外在暗部中反映较明显。环境色的存在和变化，加强了画面相互之间的色彩呼应和联系，能够微妙地表现出物体的质感，也大大丰富了画面中的色彩。所以，环境色的运用和掌控在绘画中非常重要。

二、色彩的三原色

色彩中不能再分解的基本色称为原色，原色可以合出所有的颜色，而其他颜色却不能还原出本来的色彩。三原色又分为 RYB 色料三原色和 RGB 光学三原色。

在绘画领域中，使用三种基本色料——R（红）、Y（黄）、B（蓝），可以混合搭配出多种颜色，这就是所谓的色料三原色（图 4-3）。原色相互独立，其中任何一种颜色也不能由另外两种颜色混合而成，但它们以不同的比例混合就可得到不同的颜色，如黄色加上蓝色就得到绿色。色料是绘画的基本原料，掌握色料三原色的搭配，是绘画的重要基本功。

R（红）、G（绿）、B（蓝）三种颜色构成光学三原色（图 4-4），计算机显示器就是根据这个原理制造的。在光色搭配中，参与搭配的颜色越多，其明度越高。

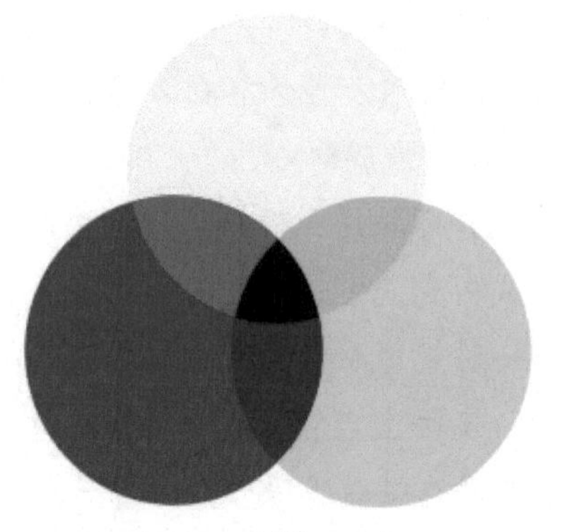
图 4-3　色料三原色

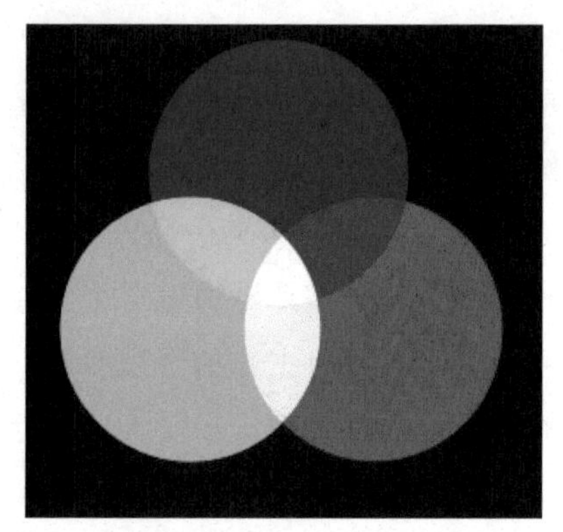
图 4-4　色光三原色

三、色彩三要素

色彩有三个要素，分别是明度、色相和纯度（图 4-5）。

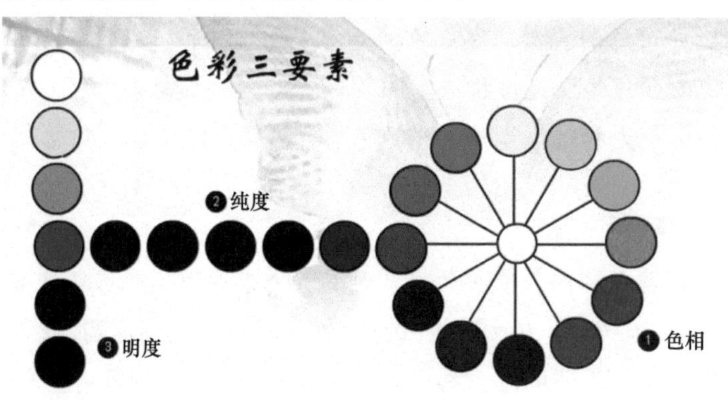

图 4-5　色彩三要素

（一）明度

明度是指色彩的明暗程度，也称深浅度，是表现色彩层次感的基础。各种有色物体由于它们反射光线的差别，因而产生了颜色的明暗感觉。光线强时色彩给人的感觉较明亮，光线弱时较暗。所谓的明度高是指色彩较明亮，而相对的明度低就是指色彩较灰暗。

在有彩色系中，黄色明度最高，紫色明度最低。任何一个有彩色，掺入白色时，明度提高，掺入黑色时，明度降低（同时其纯度也会降低）。而在无彩色系中，白色明度最高，黑色明度最低，在黑白之间存在一系列灰色，靠近白的部分称为明灰色，靠近黑的部分称为暗灰色。

（二）色相

色相是颜色的相貌，是一种色彩区别于另一种色彩的表象特征。色相由光的波长决定。一般以色相环上的纯色为准，通常色相环有 12 色、20 色、24 色和 40 色等类别。色相主要用于表现色彩的冷暖氛围、表达某种情感。例如红色给人感觉是热情奔放，蓝色使人安静忧郁，紫色让人感觉高贵神秘。要想在设计中恰当地运用色彩，要注重培养识别色相的能力。

（三）纯度

纯度是指色彩的饱和程度，也叫“鲜艳度”或“纯净度”。纯度越高，色彩越鲜明。当纯色中掺入黑、白、灰或其他颜色时，纯度就会降低。杂色掺入越多，纯度越低。高纯度的色彩给人以鲜明、兴奋、明快、突出、华丽、透明和知觉度强的感觉；而低纯度的灰色，往往给人一种含蓄、内在、朴实、稳重、深沉和不活泼的感觉。

自然光中的红、橙、黄、绿、蓝、紫光色是纯度最高的颜色。人眼对不同颜色的纯度感觉不同，红色醒目，纯度感觉最高，而黑、白、灰色则没有纯度。

思考与习题

1. 举例说明色彩的固有色、光源色和环境色。
2. 如何区分色料三原色和色光三原色？
3. 色彩三要素分别是什么？它们对色彩有什么影响？

第二节　室内色彩的心理暗示

色彩具有十分广泛且奇妙的心理暗示性质。一些心理学家的实验表明，强烈的色彩不仅可以影响人的情绪，还可以影响动物的情绪。人们长期处于一个室内空间中，情绪会受到室内色彩的感染。如果居住空间的色彩搭配不能带来舒适感，对于居住者的身心健康有极大的影响。

要了解色彩视觉效果，就必须先了解色彩具体的心理暗示。色彩的心理暗示，是在长期生活中感受和总结得到的，简单地说就是人们见了颜色会联想到什么。色彩的视觉效果，是颜色的心理暗示的一种变异和延伸。

一、红色

红色是最醒目的颜色之一，具有很强的视觉穿透力。我们常用中国红来阐释红色，它是民族性的色彩。红色温暖、喜庆、热烈，使人兴奋，从而唤醒人身体中的生命力。例如中国传统婚礼上的红色装饰、新娘的红色礼服和婚礼礼品包装（图 4-6 和图 4-7）。红色能刺激情感的迸发，如爱、勇气、仇恨，同时也显示出好斗的一面，如西班牙斗牛士用的红布。

图 4-6　传统婚礼的红色装饰

图 4-7　婚礼礼品包装

二、橙色

橙色是火的颜色，给人以温暖、热烈和活泼的感觉（图 4-8）。橙色是代表富裕和辉煌的颜色，它既有红色的抢眼，又有黄色的鲜艳。橙色还是一种有积极进取感觉的颜色，对于患情感麻痹和心情沮丧的人而言，可以用它辅助治疗。如图 4-9 所示，以橙色作为书房的背景色彩，再配以红、黄为主色调，以蓝色作为装饰色彩，活泼生动，使居住者拥有积极向上的心态。

图 4-8　大自然中的橙色

图 4-9　书房中橙色的运用

三、黄色

黄色既是金子的颜色，又是秋天的主色。因此，黄色既象征着富贵，又象征着收获。饱和度高的黄色，代表着辉煌、尊贵和神圣。我们中国人用炎黄子孙来定位自己，不仅因为黄色的皮肤，更多的是由于黄色在我国文化和历史中的重要地位。黄色在古代代表皇权和奢华，它是帝王宫殿、王冠或者后冠的主色，是皇帝的龙袍、龙椅和龙床的主色，也是宗教仪式上各种供台、帷幔和袈裟的主色。由此，黄色具有不容侵犯的含义。另外黄色是较为醒目的色彩之一，因此与红色、绿色一同用于交通信号灯的使用；在体育比赛里，黄牌则是警告的意思。

从冷暖感来说，黄色是最为温暖的颜色，如冬天人们喜欢把家里的软装饰换成暖色调（如偏红、黄、橙的颜色），因为它们给人带来视觉上的温暖。越温暖的颜色中黄色成分越多，越冷的颜色中蓝色成分越多。

四、绿色

绿色是充满生机和活力的颜色。春天犹如婴儿般新生的绿，总是给我们带来蓬勃的生命力。它也是森林的主色，象征着优美的自然环境（图 4-10）。现在绿色象征环保、和平和希望，同时也是最令人们感到舒适、平静的颜色。它能平衡人体能量，增加人的敏感性和同情心。绿色有安神的效果，对有炎症的身体特别有镇静作用，能够安抚神经系统。绿色可以促进友情、提高信任、增加希望和和平。因为绿色光的波长适中，使它不会像波长较长的黄色和红色那样刺激眼球，又不会像波长较短的蓝色或紫色，令人视觉疲劳，如图 4-11 所示，使用浅绿色作为客厅的主调，给人舒适、恬淡之感。

图 4-10　大自然中的绿色

图 4-11　绿色在客厅中的运用

五、蓝色

蓝色与红色相对而言，给人以寒冷的感觉。红色在亮光下膨胀，蓝色在亮光下收缩。蓝色是天空、大海的颜色，因此，蓝色也象征着博大、宽阔，如图 4-12 所示。大量运用天蓝色，配合蓝色纱幔的装饰和灯光渲染，可以制造出梦幻的气氛。在表现精神世界的时候，蓝色具有清高、宁静和深渊的意味。如图 4-13 所示，在浴室的装饰中使用深沉的蓝色，显得高档而不失格调，其色彩能镇静能量系统，对人的生理系统起到冷却和放松的作用。

图 4-12　蓝色卧室设计

图 4-13　深蓝色浴室设计

六、紫色

紫色高贵而神秘，常用来形容优雅的女性和暗示男女之间的神秘关系。它具有含蓄、孤独、寂寞和不平凡的意味。浓重的紫色具有威胁感，是恐怖的色彩，著名诗人歌德说："紫色暗示着世界的末日。"

紫色影响人的骨骼系统，抵抗病菌和内部清洁的能力非常大，对人的生理和精神都能起到净化作用，有助于改善睡眠。

七、黑色

黑色代表沉重、严肃、神秘，甚至恐惧、沉重和忧伤。例如出席正式场合常用的礼服大多接近黑色；

参加葬礼的人为表达忧伤往往也是一身黑色着装；还有一些词汇如黑暗势力、黑社会。

在居住空间中要谨慎使用黑色，过多使用黑色会引起沮丧，强化消极情绪和思想。

八、白色

白色是明亮的颜色。白色代表纯洁，如西式婚礼上新娘的洁白婚纱；白色代表卫生，它是医院装饰的主色，是医生和护士服装的颜色；代表空灵，如国画中留白的意境；代表空白，如中国灵堂的布置非黑即白。

九、灰色

灰色是平凡、平和、含蓄、朴素的颜色。灰色十分中庸，是一种谦虚、诚恳，但没有个性，态度不鲜明，有些含糊意味的颜色。

十、粉红色

柔和的粉红色给人以浪漫的感受（图 4-14），它是大多数小女孩心仪的颜色，公主房几乎都以粉红色为主色（图 4-15）。它可以唤醒内心的怜悯、爱心和单纯，可以缓解生气和被忽视感。

图 4-14　粉色玫瑰

图 4-15　公主房

思考与习题

分析各类色彩运用到室内设计后给人的心理暗示。

第三节　室内装饰配色的基本原则

一、整体性原则

室内装饰色彩配色的整体性是指整个室内配色有一个大的倾向性，如：室内顶棚板、墙面和地面统一构思考虑；客厅、厨房、卫生间、卧室和阳台统一布局考虑；家具、陈设饰品数量和摆放统一安排考虑。确定一个主色调，其他饰物的颜色都要服从这一主色调。这种原则使室内色彩具有一定的秩序感和韵律感，每一个房间并不是单一的，整个空间会有一定的连贯性。

二、色彩服从功能原则

室内色彩应满足各空间的功能和精神需求，目的在于使人们感到舒适。卧室、客厅、书房、厨房和厕所根据其功能的不同会有不同的色彩搭配方式。另外需要考虑的因素还有使用者的性别、民族、生活习惯和个人喜好等。

（一）卧室的色彩

卧室是人们休息的空间，卧室的色彩要求较高，因为不协调的色彩可能会影响主人的睡眠质量和身体健康。从整体上来说，卧室的色彩宜清淡，利于放松心情，色彩不宜过于浓重，对比不宜过于强烈，宁静、自然的色彩是较好的选择。当然根据主人年龄和性别的不同可以有更多的选择。儿童卧室的色彩可以选择明快的奶油色、淡蓝色和淡绿色等明度较高的色彩（图4-16）；大多数小女孩都有粉红色情节，可将公主房布置成为粉红色系；男性青少年宜以淡蓝色的冷色调为主（图4-17），女性青少年的卧室最好以淡粉色等暖色调为主；新婚夫妇的卧室应该采用激情、热烈的暖色调，甚至可以用一点较为浓重的色彩，中老年的卧室，为了舒缓神经则以白、浅灰等无彩色或纯度较低的色调为主。

图4-16　色彩明快的儿童卧室

图4-17　冷色调的卧室设计

（二）厨房的色彩

厨房是烹饪食物的场所。由于厨房的物品较多，容易显得杂乱，且使用中容易产生污染，因此颜色偏向简洁干净的颜色，多以白、灰、浅黄等浅色为主（图4-18）。地面不宜过浅，可采用深灰等耐污性好的颜色。墙面和顶部可使用白、浅灰、浅黄等较浅的颜色。

（三）餐厅的颜色

餐厅作为用餐的场所，应多用暖色系，突出温馨、祥和的气氛，以促进就餐者的食欲（图4-19）。以暖色作为餐桌上食物的环境色，再配上暖色的光源，能让食物看起来更加可口。当然作为热衷于减肥的单身贵族来说，可能会将厨房特意布置成为偏蓝或紫色调以减少食欲。

图 4-18　浅色调的厨房设计

图 4-19　暖色调的餐厅设计

（四）客厅的色彩

客厅是展示性最强的部位，色彩的运用最为丰富和灵活，客厅色彩的选择取决于主人的喜好。有的使用深红、黑色等，浓重的色彩可以使空间显得高贵典雅（图 4-20）；有的欧式风格运用大量的金色和黄色，显得奢华富丽（图 4-21）；有的以大地色系为主，显得自然而清新。

图 4-20　色彩艳丽的客厅设计

图 4-21　金色为主色调的欧式客厅设计

（五）书房的色彩

书房作为学习的场所，需要营造一个静态空间，一般应以蓝、绿冷色调等素雅的色彩（图 4-22），忌浓重和对比强烈的色彩。装饰宜简洁，挂一两幅与装饰风格和色彩统一的字画即可（图 4-23）。

图 4-22　蓝色为主色调的书房设计

图 4-23　素雅的书房设计

（六）卫生间的色彩

卫生间是洗浴的场所，也是一个清洁卫生要求较高的空间。多以白色为主的浅色调，地面及墙面均以白色、浅灰等颜色做表面装饰（图 4-24）；或者以蓝色调为主，可以调节神经、镇静安神，具有热带风情的遐想，能够增强神秘感与隐私感；另外，现在也流行用深色调来装饰浴室以体现品质和档次（图 4-25）。

图 4-24　浅色的浴室设计

图 4-25　黑白搭配的浴室设计

思考与习题

1. 室内装饰配色的基本原则有哪些？
2. 从色彩服从功能原则来说，卧室色彩的搭配应注意什么问题？

第四节　室内色彩常用的配色方式

一、室内设计中同类色配色

同类色配色是 24 色相环上相邻的二至三色对比，在色相环上的角度距离大约为 30°。这类配色选择同一种基本色下不同色度和明暗度的颜色进行搭配，只有单色的明暗和深浅变化，因此具有统一感的配色效果，给人以单纯、稳定、协调、柔和、优雅、朴素的感觉，可创造出宁静、协调的氛围。此种搭配多用于卧室（图 4-26 和图 4-27），墙壁和地板使用最浅的色度，床上用品、窗帘和椅子使用同一颜色且色度较深，杯子、花瓶等小物品用最深的色度。

图 4-26　同类色配色的运用 1

图 4-27　同类色配色的运用 2

二、类似色配色的运用

类似色配色是 24 色相环上角度距离 30° ～60° 的色相对比。类似色配色相对同类色配色在色彩对比上有所加强，可以弥补同类色配色色彩对比的不足，其配色效果能给人以统一、协调、柔和、雅致、唯美、清甜、文质彬彬等感觉。由于类似色的色彩较为相近，不会互相冲突，适用于客厅、书房或卧室，可以营造出更为协调、平和的氛围（图 4-28 和图 4-29）。

图 4-28　类似色配色的运用 1

图 4-29　类似色配色的运用 2

三、邻近色配色

邻近色及其对比应用。邻近色是指色环上差距在 60° ～120° 的颜色，往往是你中有我，我中有你，如红和紫、绿和蓝、青和黄等，属于色相的中度对比。邻近色之间反差适度，且色与色之间互有共同点，显得和谐自然，在设计中须借助明度和纯度对比的变化来丰富色感（图 4-30 和图 4-31）。

图 4-30　邻近色配色的运用 1

图 4-31　邻近色配色的运用 2

四、对比色配色

对比色配色是 24 色相环上间隔 120° 左右的色相对比。对比色相的对比，色感要比类似色相对比更具有鲜明、强烈、饱满、华丽、欢乐和活跃的感情特点，容易使人兴奋、激动。如图 4-32 所示，运用纯度较高的桃红色、柠檬黄作为主色调，色彩鲜艳夺目，再运用白色来进行颜色间隔，进行降调处理。如图 4-33 所示，黑色的墙面和顶界面也起到了异曲同工的效果。

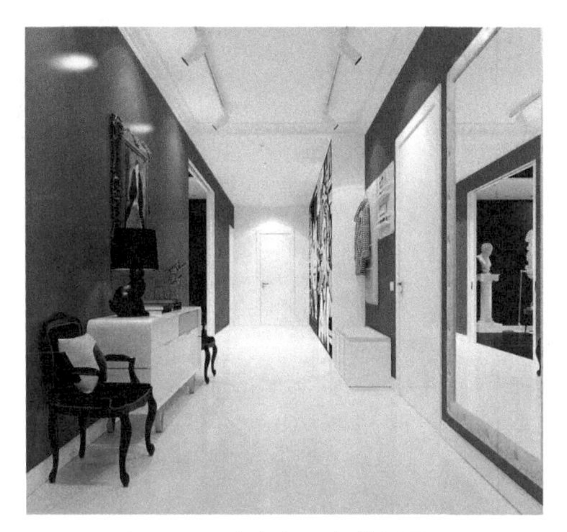

图 4-32　对比色配色的运用 1

图 4-33　对比色配色的运用 2

五、互补色配色的运用

在 24 色相环上 180° 相对的颜色，被称为互补色。例如红和绿、蓝和黄，这样的两种颜色安排在一起，能产生强烈的对比效果。此种配色方案可使房间充满活力、生气勃勃。家庭活动室、客厅、游戏室甚至是家庭办公室均适合。它在商业空间中运用较多，如游戏厅、KTV 和电影院等场所。图 4-34 和图 4-35 所示为办公空间中休息室设计，分别采用了红、绿互补色和黄、紫互补色，使氛围活泼时尚。

图 4-34　互补色配色的运用 1

图 4-35　互补色配色的运用 2

六、同属性配色

还有一种同属性配色方法在家居设计中常被使用，使用色彩具有相同的属性，如明度、纯度或饱和度。例如婴儿房中粉红、粉蓝、粉绿、粉黄和粉紫共同组合互配。尽管出现的色相较多，但其明度相似，同样取得协调的色彩效果。用这种方法来配色，能丰富居室的配色，引入更多绚丽色彩而又不失和谐。

思考与习题

1. 室内设计中有哪几种配色方式？
2. 这些配色方式分别可以达到怎样的艺术效果？

第五章　室内照明设计

学习目标

室内采光照明的基本概念与要求、室内采光部位与照明方式、室内照明作用与艺术效果，通过三个小节的学习，要求学生掌握室内设计照明的理论知识，并将其运用到设计中。

学习重点

室内照明的方式

室内照明的艺术效果

学习建议

1. 结合课堂学习选择相关的书籍阅读，拓展理论知识。
2. 在生活和学习中多留意，以熟悉室内照明的运用。

第一节　室内采光照明的基本概念与要求

没有光也就没有一切。在室内设计中，光不仅是为了满足人们视觉功能的需要，而且是一个重要的美学因素。光可以形成、改变或者破坏空间，它直接影响到人对物体大小、形状、质地和色彩的感知。室内照明是室内设计的重要组成部分，在设计之初就应该加以考虑。

一、光的特征与视觉效应

光像人们已知的电磁能一样，是一种能的特殊形式，这种射线按其波长是可以度量的，它规定的度量单位是nm。

二、光的特性

（一）照度

单位面积上所接受光的能量称为照度，单位是勒克斯（Lx）。一个被光线照射的表面上的照度定义为照射在单位面积上的光通量。光通量的单位为流明，常用E来表示，被光均匀照射的物体，在1m^2面积上所得的光通量是1E时，它的照度是1Lx。光通量主要表示光源或发光体发射光的强弱，而照度是用来表示被照面上接收光的强弱，是描述被照面（工作面）上被照射程度的光学量。

（二）光色

光色主要取决于光源的色温，并影响室内的气氛。色温低，感觉温暖；色温高，感觉凉爽。一般色温＜3300K为暖色，3300K＜色温＜5300K为中间色，色温＞5300K为冷色。光源的色温应与照度相适应，即随着照度增加，色温也应相应提高。否则，在低色温、高照度下，会使人感到酷热；而在高色温、低照度下，会使人感到阴森的气氛。

（三）亮度

亮度也是用来表示物体表面发光（或反光）强弱的物理量，表示由被照面的单位面积所反射出来的光通量，也称为发光量，因此与被照面的反射率有关。例如在同样的照度下，白纸看起来比黑纸要亮。有许多因素影响亮度的评价，如照度、表面特性、视觉、背景、注视的持续时间甚至包括人眼的特性。

三、照明的控制

（一）眩光的控制

眩光与光源的亮度和人的视觉有关。由强光直射人眼而引起的直射眩光，应采取遮阳的办法；对人工光源，避免的办法是降低光源的亮度、移动光源位置和隐蔽光源。

（二）亮度比的控制

控制整个室内的亮度比例和照度分配，与灯具布置的方式有关。

1．一般灯具布置方式

（1）整体照明　如图5-1所示，常采用匀称的镶嵌于顶棚上的固定照明，优点是为照明提供一个良好的水平面和在工作面上获得均匀的水平照度，在光线经过的空间没有障碍，便于家具布置。但该方式耗电量大，不利于节约能源，除非降低整体照度。

（2）局部照明　如图5-2所示，优点是有利于能源节约，仅在工作需要的地方设置光源，可以提供开关和灯光减弱装备，使照明亮度能适应不同变化的需要。但在暗的房间中仅有单独的光源进行工作，容易引起视觉紧张，损害视力。例如商店橱窗内的射灯、卧室内的台灯等。

图5-1　整体照明

图5-2　局部照明

（3）整体与局部混合照明　如图5-3所示，为了改善上述照明的缺点，将90%～95%的光用于工作照明，5%～10%的光用于环境照明。

(4) 成角照明　如图 5-4 所示，采用特别设计的反射罩，使光线射向主要方向的一种办法。这种照明是由于墙表面的照明和对表现装饰材料质感的需要而发展起来的。

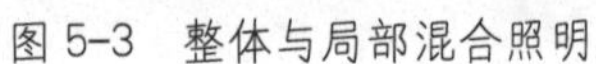

图 5-3　整体与局部混合照明

图 5-4　成角照明

2. 照明地带分区

根据不同区域对照度要求的不同需要，采用一定的照明地带分区（图 5-5 和图 5-6）。

(1) 顶棚地带　常用于一般照明或工作照明，顶棚地带照明对营造艺术氛围起到重要作用。

(2) 周围地带　处于经常的视野范围内，简化并避免眩光。其亮度应大于顶棚地带，否则将造成视觉引导上的混乱。

(3) 使用地带　通常各国颁布有不同工作场所要求的最低照度标准。

图 5-5　豪华浴室照明

图 5-6　欧式客厅照明

思考与习题

1. 光有哪些特性？
2. 灯具有哪些布置方式？

第二节　室内采光部位与照明方式

一、采光部位与光源类型

（一）采光部位

良好的室内采光不仅可以节约能源，更重要的是有利于身心健康。室内采光效果，主要取决于采光部位和采光口的面积大小及布置形式，一般分为侧光、高侧光和顶光三种形式。

侧光可以选择良好的朝向及室外景观，使用和维护比较方便，但当房间的进深增加时，采光效率降低很快。因此，常通过增加窗的高度、采用双向采光或转角采光来弥补这一缺点。顶光的照度分布均匀，影响室内照度的因素较少，但当上部有障碍物时，照度就急剧下降。

进入室内的日光因素由下列三部分组成：

1）直接天光。

2）外部反射光。

3）室内反射光。

室内采光的影响因素较多，如临近的建筑、窗户材料透射性能、窗户朝向等。例如，窗子正面太阳时比侧面接受的光线更多，带来丰富的光影，色彩感觉也更为强烈，使室内气氛活跃。

（二）光源类型

光源类型可以分为自然光源和人工光源，而自然光源主要是日光，人工光源主要有白炽灯、荧光灯和高压放电灯。家庭和一般公共建筑所用的主要人工光源是白炽灯和荧光灯等，每一光源都有其优点和缺点。

1．白炽灯

白炽灯是最普通的灯具类型（图 5-7），也是重要的点光源。由两金属支架间的一根灯丝，在气体或真空中发热、发光。

（1）白炽灯的优点

1）光源小、造价低廉。

2）具有种类极多的灯罩形式，并配有轻便灯架、顶棚和墙上的安装用具及隐蔽装置。

3）色光最接近于太阳光色。

4）通用性大，彩色品种多。

5）具有定向、散射和漫射等多种形式。

（2）白炽灯的缺点

1）其暖色和黄色光，有时不一定受欢迎。

2）对所需电的总量说来，发出的光通量较低，产生的热为 80%，光仅为 20%。

3）寿命相对较短。

2．荧光灯

荧光灯是一种低压放电灯，灯管内是荧光粉涂层，能把紫外线转变为可见光，并有冷白色、暖白色、Deluxe 冷白色、Deluxe 暖白色和增强光等（图 5-8）。颜色变化由管内荧光粉涂层方式控制。Deluxe 暖白色最接近于白炽灯，Deluxe 管放射更多的红色。

(1) 荧光灯的优点

1) 产生均匀的散射光。

2) 光效高，为白炽灯的1000倍，节约电能。

3) 寿命长，为白炽灯的10～15倍。

(2) 荧光灯的缺点　生产过程和报废后对环境有污染。

图5-7　白炽灯

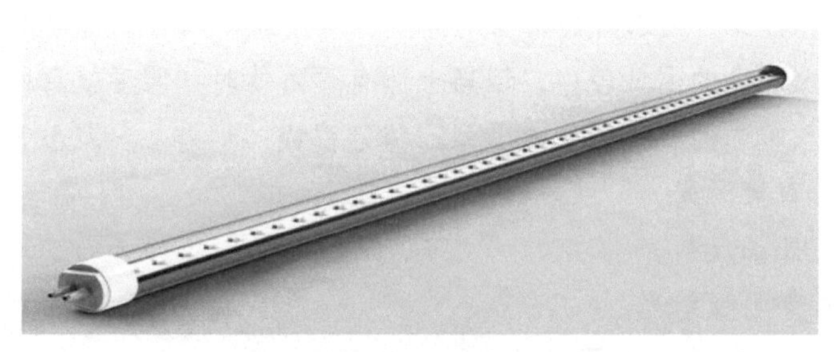

图5-8　荧光灯

3. 氖管灯（霓虹灯）

氖管灯多用于商业标志和艺术照明，是户外线性装饰的主流（图5-9）。形成氖管灯的色彩变化是由管内的荧粉层和充满管内的各种混合气体，并非所有的管都是氖蒸气，氩和汞也都可用。

(1) 氖管灯的优点

1) 耐用。

2) 光效高。

3) 温度低，使用不受气候限制。

4) 低能耗。

5) 寿命长。

6) 制作灵活，色彩多样。

7) 动感强，效果佳，经济实用。

(2) 氖管灯的缺点

1) 安装复杂。

2) 易碎。

3) 维护费用较高。

4. 高压放电灯

高压放电灯至今一直用于工业和街道照明(图5-10)。小型的高压放电灯在形状上和白炽灯相似，有时稍大一点，内部充满汞蒸气、高压钠或各种蒸气的混合气体，可用化学混合物或在管内涂荧光粉涂层，以校正色彩到一定程度。高压水银灯冷时趋于蓝色，高压钠灯带黄色，多蒸气混合灯冷时带绿色。高压放电灯的优点：

1) 具有不同色光和显色性能。

2) 具有高效率。

3）寿命长。

4）光输出维持特性好。

图 5-9　氖管灯

图 5-10　高压放电灯

5. LED 新光源

LED（Light Emitting Diode），又称发光二极管，它是利用固体半导体芯片作为发光材料，当两端加上正向电压时，半导体中的载流子发生复合，放出过剩的能量而引起光子发射产生光。它的特点如下：

1）发光效率高。

2）耗电量少，是白炽灯泡的八分之一，荧光灯管的二分之一。

3）使用寿命长，LED 灯具使用寿命可达 5～10 年。

4）安全、可靠性强，能精确控制光型及发光角度，光色柔和，内置微处理系统可以控制发光强度，调整发光方式，实现光与艺术的结合。

5）有利于环保。LED 为全固体发光体，废弃物可回收。

6）响应时间短。白炽灯的响应时间为毫秒级，LED 灯的响应时间为纳秒级。

二、照明方式

对光源不加处理，既不能充分发挥光源的效能，也不能满足室内照明环境的需要，有时还会引起眩光的危害。直射光、反射光、漫射光和透射光，在室内照明中具有不同用处。

照明方式按灯具的散光方式分为以下几种。

（一）直接照明

直接照明是指 90%～100% 的灯光直接照射到平面上。这种照明方式具有强烈的明暗对比，并能营造生动有趣的光影效果，可突出工作面在整个环境中的主导地位，但是由于亮度较高，应防止眩光的产生，如工厂和普通办公室等（图 5-11）。

（二）半直接照明

半直接照明方式是用半透明材料制成的灯罩罩住光源上部，60%～90% 的光线集中射向工作面，10%～40% 被罩光线又经半透明灯罩扩散而向上漫射，其光线比较柔和，常用于较低房间的一般照明。由于漫射光线能照亮平顶，使房间顶部高度增加，因而能产生较高的空间感。

（三）间接照明

通过遮蔽光源使 90% ～ 100% 的光线折射和反射后再照射到物体上，其特点是光线柔和，没有很强的阴影，光效低，一般以烘托室内气氛为主，是装饰照明和艺术照明的常用方式之一（图 5-12）。当间接照明紧靠顶棚时，几乎可以造成无阴影，是最理想的整体照明。从顶棚和墙上端反射下来的间接光，会造成顶棚升高的错觉，但单独使用间接光，则会使室内平淡无趣。上射照明是间接照明的另一种形式，筒形的上射灯可以用于多种场合，如房角地上、沙发的两端、沙发底部和植物背后等位置。上射照明还能对准一个雕塑或植物，在墙上或顶棚上形成有趣的影子。通常和其他照明方式配合使用，才能取得特殊的艺术效果。在商场、服饰店和会议室等场所中，一般作为环境照明使用或提高景亮度。

图 5-11　直接照明

图 5-12　间接照明

（四）半间接照明

半间接照明将 60% ～ 90% 的光向顶棚或墙上部照射，把顶棚作为主要的反射光源，而将 10% ～ 40% 的光直接照于工作面（图 5-13）。从顶棚来的反射光，趋向于软化阴影和改善亮度比，由于光线直接向下，所以照明装置的亮度和顶棚的亮度接近相等。具有漫射的半间接照明灯具，更适合阅读和学习。

（五）漫射照明

漫射照明方式，是利用灯具的折射功能来控制眩光，将光线向四周扩散漫散。这种照明大体上有两种形式，一种是光线从灯罩上口射出经平顶反射，两侧从半透明灯罩扩散，下部从格栅扩散。另一种是用半透明灯罩把光线全部封闭而产生漫射。这类照明光线性能柔和、视觉舒适，适用于卧室（图 5-14）。

图 5-13　半间接照明

图 5-14　漫射照明

思考与习题

1. 人工光有哪些？它们都有什么样的特性？
2. 照明方式有哪些？如何运用这些照明方式？

第三节　室内照明作用与艺术效果

当夜幕徐徐降临时，便是万家灯火的世界，很多地方都离不开人工照明。无论是公共场所或家庭，光的作用影响到每一个人，室内照明设计就是利用光的一切特性，去创造所需要的光环境，通过照明充分发挥其艺术作用，并表现在以下四个方面。

一、营造气氛

由于色彩随着光源的变化而不同，再艳丽的色彩，日暮以后，如果没有适当的照明，就可能变得暗淡无光。因此，德国巴斯鲁大学心理学教授马克思•露西雅谈到利用照明时说："与其利用色彩来创造气氛，不如利用不同程度的照明，效果会更理想。"

光的亮度和色彩是决定气氛的主要因素。我们知道，光的刺激能影响人的情绪，一般说来，亮的房间比暗的房间更为刺激，但是这种刺激必须和空间所应具有的气氛相适应。适度愉悦的光能激发和鼓舞人心，而柔弱的光令人轻松而心旷神怡。光的亮度也会对人心理产生影响，有人认为对于加强私密性的谈话区照明可以将亮度减少到功能强度的1/5。光线弱的灯和位置布置得较低的灯，使周围造成较暗的阴影，顶棚显得较低，使房间更具亲切感。

室内的气氛也由于不同的光色而变化。许多餐厅、咖啡馆和娱乐场所，常常用加重暖色如粉红色和浅紫色，使整个空间具有温暖、欢乐和活跃的气氛，暖色光使人的皮肤、面容显得更健康，如图5-15所示。家庭的卧室也常常因采用暖色光而显得更加温暖和睦。但是冷色光也有许多用处，特别在夏季，青、绿色的光就使人感觉凉爽。应根据不同气候、环境和建筑的性格要求来确定。强烈的多彩照明，如霓虹灯、各色聚光灯，可以把室内的气氛活跃生动起来，增加繁华热闹的节日气氛，如图5-16所示。现代家庭也常用一些红绿的装饰灯来点缀起居室、餐厅，以增加欢乐的气氛。不同色彩的透明或半透明材料，在增加室内光色上可以发挥很大的作用，如国外某些餐厅中既无整体照明，也无桌上吊灯，只用柔弱的星星点点的烛光照明来渲染气氛。

图5-15　酒吧照明设计

图5-16　KTV照明设计

二、加强空间感和立体感

空间的不同效果，可以通过光的作用充分表现出来。实验证明：室内空间的开敞性与光的亮度成正比，亮的房间感觉要大一点，暗的房间感觉要小一点；充满房间的无形的漫射光，使空间有无限的感觉，而直接光能加强物体的阴影，光影相对比，能增强空间的立体感。设计者可以利用光的作用，来加强希望注意的地方，也可以用来削弱不希望被注意的次要地方。许多商店为了突出新产品而用亮度较高的重点照明，相应地削弱次要的部位，这样可以获得良好的照明艺术效果，如图 5-17 和图 5-18 所示。照明也可以使空间变得实和虚，许多台阶照明及家具的底部照明，使物体和地面“脱离”，形成悬浮的效果，从而使空间显得空透和轻盈。

图 5-17　数码概念店铺照明设计

图 5-18　服装店照明设计

三、光影艺术与装饰照明

光和影本身就是一种特殊性质的艺术，当阳光透过树梢，地面洒下一片光斑，疏疏密密随风变幻，这种艺术魅力是难以用语言表达的。自然界的光影由日光和月光来安排，而室内的光影艺术就要靠设计师来创造。图 5-19 所示的咖啡厅设计，采用花朵造型进行装饰，设计师在恰当的位置布置照明使之形成丰富的光影，以此渲染环境。以生动的光影效果来丰富室内的空间，既可以表现光为主，也可以表现影为主，也可以光影同时表现。如图 5-20 所示，餐厅的照明设计具有光影的神秘感，可以形成具有私密性的餐饮空间。

图 5-19　咖啡厅照明设计

图 5-20　餐厅照明设计 1

四、照明的布置艺术和灯具造型艺术

光既可无形，也可有形，光源可隐藏，灯具却可暴露，有形和无形都是艺术。照明的关键不在个别灯管及灯泡本身，而在于组织和布置。最简单的荧光灯管和白炽小灯泡，一经精心组织，就能显现出千军万马的气氛和壮丽的景色。顶棚是表现布置照明艺术的最重要场所，因为它无所遮挡，稍一抬头就历历在目。因此，室内照明的重点常常选择在顶棚上，它像一张白纸，可以做出丰富多彩的艺术形式，而且常常结合建筑式样，或结合柱子的部位来达到照明和建筑的统一和谐。

灯具造型一般以小巧、精美和雅致为主要创作方向，因为它离人较近，常用于室内的立灯及台灯。有些灯具设计重点放在支架上，也有些把重点放在灯罩上，不管是哪种方式，整体造型必须协调统一。现代灯具都强调几何形体构成，在基本的球体、立方体、圆柱体和角锥体的基础上加以改造，演变成千姿百态的形式，同样运用对比及韵律等构图原则，达到新韵、独特的效果。如图 5-21 所示，餐厅照明设计选用的灯具形似夜空中绽放的烟花，为餐厅增添了不少欢庆的愉悦感。但不管选用何种造型的灯具，一定要和整个室内一致，绝不能孤立地评定优劣。如图 5-22 所示，餐厅照明设计中灯具的设计与餐厅的整体设计相协调，其造型、色彩与装饰门具有共同点。

图 5-21　餐厅照明设计 2

图 5-22　餐厅照明设计 3

思考与习题

1. 怎样根据场所的不同选择光的强度和色彩以营造氛围？
2. 怎样利用照明设计加强空间感和立体感？
3. 怎样在空间中营造丰富的光影效果？
4. 现在灯具的样式之多，在照明设计中如何选择合适的灯具？

第六章　室内家具与陈设

学习目标

通过课堂学习及实践环节，了解并掌握家具的分类形式、家具的布置原则以及家具空间设计的主要内容，培养室内设计的能力，为今后的运用和设计打下基础。

学习重点

家具的分类
家具在室内环境中的作用
家具的选用和布置原则

学习建议

1. 在任课教师的引导下，广泛参考相关图书和图册，了解室内空间设计的最新流行设计热点。
2. 多去相关网站研究设计师们的家具设计方案。

第一节　家具的分类与设计

家具是人们生活的必需品，不论是工作、学习、休息，或坐或卧或躺，都离不开相应家具的依托。此外，社会和家庭生活中各式各样、大大小小的用品，均需要相应的家具来收纳、隐藏或展示。因此，家具在室内空间中占有很大的比例和重要的地位，对室内环境效果造成重要的影响。室内家具可以按其艺术功能、使用功能、材质、结构构造体系、表面分类、组成方式以及艺术风格等方面来分类。

一、按艺术风格分类

一般人们购买家具都以风格为主导。室内的装饰风格直接影响对家具风格的选择。按其风格分类，可以将家具分为现代家具、后现代家具、欧式古典家具、美式家具、中式古典家具、新古典家具、新装饰家具、田园家具和地中海家具。

（一）现代家具

现代家具的特点是简洁明快、实用大方、轮廓时尚、款式变化速度极快，因此符合现代人的口味。图 6-1 为现代简约风格的家具，色彩鲜艳，彰显着简约的张力。现代家具也有流行色彩，图 6-2 体现了现代家具的时尚色彩。

图 6-1　现代简约风格

图 6-2　流行色的现代家具

（二）中式家具和欧式家具

中式风格多以中式古典家具为主。中式家具具有浓厚的中国文化内涵与地域色彩，以古色古香的中式风格营造经典（图 6-3）。而欧式风格主要以欧式古典家具为主，其特点为华丽、高雅，多以金线、金边、墙壁纸、地毯、窗帘、床罩、帷幔的图案以及装饰画或物件，作为体现欧式风格的主要构成元素（图 6-4）。

图 6-3　中式风格

图 6-4　欧式风格

（三）地中海家具和田园家具

地中海风格家具因其海洋元素的配色以及拱门与半拱门的造型而给人以自然浪漫的感觉（图 6-5）。如图 6-6 所示，与地中海风格家具一样，田园风格家具也强调自然美，材料大多取自天然的竹、藤、木等材质，具有强烈的亲和力，以此唤起人们对生活的热爱与向往。

图 6-5　地中海风格

图 6-6　田园风格

二、按使用功能分类

按使用功能分类即按家具与人体的关系和使用特点分类，一般具有有一定的尺寸要求。

（一）坐卧类

坐卧类家具是与人体接触面最多、使用时间最长且使用功能最广的基本家具类型，其造型式样也最丰富。坐卧类家具按照使用功能的不同可分为椅凳类、沙发类（图 6-7）、床榻类（图 6-8）三大类。

图 6-7　沙发类家具

图 6-8　床榻类家具

（二）桌台类

桌台类家具是与人类工作方式、学习方式、生活方式直接发生关系的家具，在使用上可分为桌与几两类。桌类（图 6-9）较高，有写字台、抽屉桌、会议桌、课桌、餐台、试验台、计算机桌和游戏桌等；几类（图 6-10）较矮，有茶几、条几、花几和炕几等。

图 6-9　桌类家具

图 6-10　几类家具

（三）储藏类

储藏类家具在使用上分为橱柜（图 6-11）和屏架两大类，在造型上分为封闭式、开放式和综合式三种形式；在类型上分为固定式和移动式两种基本类型。橱柜家具有衣柜、书柜、五屉柜、餐具柜、床头柜，电视柜、高柜和吊柜等。屏架家具有衣帽架、书架，花架、博古陈列架（图 6-12）、隔断架和屏风等。

图 6-11　橱柜

图 6-12　中式家具中的博古陈列架

三、按材质分类

家具材料的不同决定其造型与风格的取向。家具可以用单一材料制成，也可和其他材料结合使用以发挥各自的优势。现代家具已经日益趋向于多种材质的组合，传统意义中的单一材质家具已日益减少，在工艺结构上也正在走向标准化。部件化的生产工艺，早已突破传统的榫卯框架工艺结构，开辟了现代家具全新的工艺技术与构造领域。

（一）木制家具

由于木材质轻、强度高，属于易加工的材质，所以木材一直为古今中外家具设计与创造的首选材料。常用的木材有柳桉、柚木、红木、花梨、水曲柳和山毛等。市场上常见的木质家具有实木家具（图 6-13）、红木家具、曲木家具和模压胶合板家具等。

图 6-13　木家具

（二）竹藤家具

藤、竹、草、柳等天然纤维材料不仅拥有木材质轻、高强、质朴自然的特点，给人以强烈的亲和力（图 6-14），且更富有弹性和韧性，宜于编织。常用的竹有黄枯竹、毛竹、紫竹和淡竹等。但各种天然材料均须按不同要求进行干燥、防腐、防蛀和漂白等加工处理后才能使用。

图 6-14　竹藤沙发

（三）金属家具

金属材料具有可塑性强、坚固耐用、光洁度高等特点。应用于金属家具制造的金属材料主要有铸铁、钢材和铝合金等。铸铁多用于户外家具，庭园家具和城市环境中的花栏、护栏、格栅和窗花等。钢材主要有两种：一种是碳钢；一种是普通合金钢。金属家具在材质色泽上能产生更强的对比效果，给房间增添一抹硬朗的感觉（图 6-15）。

（四）塑料家具

塑料家具具有质轻、强度高、色彩鲜艳、形状各异、光洁度高、造型简朴、适用面广和保养方便等特点。塑料家具除了整体成型外，更多的是与金属、玻璃部件等配合组装成家具。图 6-16 为塑料材质的座椅，其造型模仿剥皮后的香蕉形状，这样趣味性的仿生设计，显得既实用又独特。

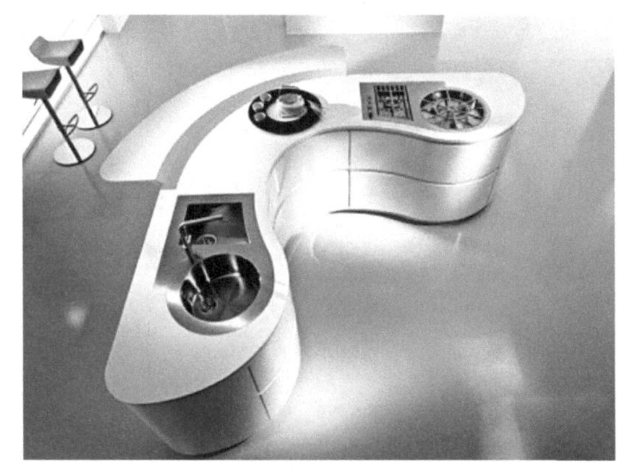

图 6-15　金属家具

图 6-16　塑料家具

（五）玻璃家具

玻璃家具大多应用在现代家具中，其中装饰性较强且硬度较高的磨砂玻璃、冰花玻璃、雕刻玻璃、热弯玻璃、彩绘玻璃，车边玻璃、镀膜玻璃和镶嵌夹玻璃是现代家具的主要用材。如图 6-17 所示，玻璃的茶几往往给人一种清凉、有秩序的感觉，为房间营造一种理性美。

（六）石材家具

石材家具具有大气厚重、坚硬和耐磨的特点，石材的肌理能给室内装饰增添硬朗的气质。天然石材的种类很多，在家具中主要使用花岗石和大理石两大类。花岗石中有印度红、中国红、四川红、虎皮黄、菊花青、森林绿、芝麻黑和花石白等。大理石中有大花白、大花绿、贵妃红和汉白玉等。而人造石材是目前较为环保的石材材料之一，低放射性、无毒等优点已经逐渐被人们认识和利用。厨房中橱柜台面多运用石材，美观、耐用，如图 6-18 所示。

图 6-17　玻璃茶几

图 6-18　厨房石材台面

四、按形状分类

（一）单体家具

单体家具是作为一个独立单元来生产的，在组合家具产生以前，消费者只能单独对自己需要和爱好的家具进行配套选购，这种单独生产的家具因不利于工业化大批生产、尺度配套不易统一等缺点最后被组合家具所代替。然而单体家具往往灵活度较高，办公室、工作室和其商业空间的运用率比较高，在室内家居中，单体家具的选择也能为房间增色不少，如图 6-19 所示。

（二）配套家具

配套家具是由多个单体家具按照尺寸、材料、款式和装饰等方面的协调统一进行配套生产的家具形式。配套家具在如今的家具装饰中已形成了固定的系列，如卧室系列、旅馆客房系列、餐桌系列和办公家具系列等，按照顾客的需要分为不同的风格和档次，方便用户根据自己的喜好进行选择。配套家具的整体感强烈，往往能营造出很完美的视觉效果，如图 6-20 所示。

图 6-19　单体家具

图 6-20　配套家具

（三）组合家具

组合家具是将家具的基本单元按不同的形式、不同的功能拼接在一起。组合家具可以分为单体组合家具和零部件组合家具两类。组合方式也多种多样，如层叠式、拼合式、嵌套式和榫插式等。组合家具的产生有利于人们追求更加舒适、方便的生活，其设计原则符合现代人们生活标准的设计规律。

思考与习题

1. 家具按艺术风格分类主要分为哪几类？
2. 家具按使用功能分类主要分为哪几类？
3. 家具按材质分类可以分为哪几类？
4. 家具按形状分类可以分为哪几类？

第二节　家具在室内环境中的作用

一、划分使用功能、识别空间性质

不同的家具有不同的功能，如餐桌主要用于吃饭、床主要用于睡觉等。空间性质在很大程度上取决于所使用的家具类型。良好的家具设计和布置能充分反映其使用目的并区分空间性质。也就是说，家具是空间实际性质的直接表达者和空间功能的决定者。正确地选择、组织和布置家具，不仅是对室内空间组织使用的再创造，而且可以直接反映空间的使用性质，图 6-21 和图 6-22 所示为具有餐厅和浴室的功能识别。

图 6-21　餐厅

图 6-22　浴室

二、组织空间、分隔空间

利用家具来分隔空间相对于以墙体和各种材质的隔断来分隔空间有两个优点，即较高的灵活性和合理的利用率。灵活性表现在相同的家具可以分隔不同的空间，不同的家具也可以分隔相同的空间，可根据家具和空间的性质进行主观的排列组合，以达到理想的空间规划效果。例如在办公空间中常利用档案柜、沙发等进行分隔和布置空间；居住空间中常以酒柜和吧台来分隔餐厅与厨房或者餐厅与客厅的空间，如图 6-23 和图 6-24 所示；商业空间中的餐厅也可以利用桌椅来分隔用餐区和通道；商场、营业厅也常常利用货柜、货架来分划不同性质的营业区域等。

图 6-23　利用橱柜分隔空间

图 6-24　利用门分隔空间

三、建立风格、营造氛围

家具和建筑一样受到各种文艺思潮和流派的影响，因此具有深厚的文化内涵。这种内涵体现出一个时代、一个民族的文化变迁，变迁的轨迹直接影响家具风格的变化，从而形成了琳琅满目、千姿百态的家具造型。从历史上来看，家具的语言，表达的是一种思想、一种风格、一种情调，以营造出一种氛围，适应某种要求和目的，因此才会出现流派纷呈的室内家居风格。如图 6-25 所示，设计师以绿色为基调，营造出一种春夏明媚的靓丽色彩氛围。如图 6-26 所示，以对比强烈的红绿互补色进行搭配，显得时尚而前卫。

图 6-25　清新雅致风格

图 6-26　现代前卫风格

思考与习题

1. 家具的使用功能主要体现在哪些方面？
2. 家具在室内设计中如何组织和分隔空间？
3. 为什么不同风格的家具能够营造不同的环境氛围？

第三节　家具的选用和布置原则

一、家具布置与空间的关系

（一）合理的位置

室内空间的位置环境各不相同，在位置上有接近出入口的地带、室内中心地带、沿墙地带、靠边地带以及室内后部地带等。各个位置的环境如采光效率、交通影响和室外景观，各不相同。设计者应结合使用要求，使不同家具的位置在室内各得其所。例如宾馆客房，床位一般布置在暗处；在餐厅中，桌椅常选择室外景观好的靠窗位置；客房套间把谈话和休息处布置在入口的部位，卧室在室内的后部等。

（二）方便使用、节约劳力

同一室内的家具在使用上都是相互联系的，如餐厅中餐桌、餐具和食品柜，书桌和书架，厨房中洗、切等设备与橱柜、冰箱等。它们的相互关系是根据人在使用过程中达到方便、舒适、省时和省力的活动规律来确定的。

（三）丰富空间、改善空间

空间是否完善，只有当家具布置以后才能真实地体现出来。如果未布置家具，原来的空间过大、过小、过长、过狭等都可能成为某种缺陷。但经过家具布置后，可能会改变原来的面貌而恰到好处。因此，家具不但丰富了空间内涵，而且还可以改善空间、弥补空间不足，应根据家具的不同体量、高低，结合空间给予合理的、相适应的位置，对空间进行再创造，使空间在视觉上达到良好的效果。

二、家具布置的基本原则

（一）线条流畅、环境和谐

家具线条的不同会给人以不同的感觉，如：直线线条流动较慢，给人以庄严感；曲线线条流动较快，给人以活跃感。且家具的数量和档次也应该与环境相协调，才能产生视觉上的美感。如图 6-27 所示，家具硬朗的线条给人以沉着、稳定感，其线条的流畅性又使此款沙发兼具活泼感。如图 6-28 所示，柔和线条的沙发配合柔软的皮革材质，与白色的环境相协调，给人以舒适感。

图 6-27　硬朗线条的沙发设计

图 6-28　柔和线条的沙发设计

（二）风格统一、色彩调和

购买家具最好配套，以达到家具的大小、颜色与风格和谐统一。家具与其他设备及陈设也应风格统一，且室内家具与墙壁、屋顶、饰物的色彩要协调，室内与室外的色彩也要协调，这样才能让人有种愉快的感觉。如图 6-29 所示，暗色调的背景搭配蓝色系的沙发，在色彩上进行了调和，达到了风格的统一。图 6-30 所示的浴室设计，将白色调和蓝色调按比例合理搭配，营造出清新淡雅的风格。

图 6-29　色调调和的家具设计

图 6-30　风格统一的家具设计

（三）布局合理、摆放均衡

居室中家具的空间布局必须合理。摆放家具，要考虑室内人流路线、采光和通风等，人的出入活动必须快捷方便，不能曲折迂回，且不妨碍家具的摆放位置。家具摆放，最好做到均衡对称。

思考与习题

1. 家具的布置与空间有哪些关系？
2. 家具的布置有哪些基本原则？

第四节　室 内 陈 设

一、室内陈设艺术的含义

室内陈设，通常是指家庭室内陈设。它是一门多元素融合的艺术设计学，属于“空间气场营造”的艺术范畴。室内陈设简要概括起来可大体分为家具、灯光、室内织物、装饰工艺品、字画、家用电器、盆景、插花、挂物、室内装修以及色彩等内容。这些内容经过合理的布置与摆放，能够起到规范行为、调整心情、提升思想等作用。

二、室内陈设艺术在现代室内设计中的作用

（一）烘托室内气氛、创造环境意境

室内陈设是烘托室内气氛不可或缺的元素，无论是欢快热烈的喜庆气氛，还是亲切随和的轻松气氛，或是深沉凝重的严肃气氛，都能作为一种意境而存在。这种意境是室内环境集中体现的思想和主题，引人联想，给人启迪，给人以精神享受。如图 6-31 所示，灰色的墙纸搭配具有设计感的黑白照片，怀旧感十足。如图 6-32 所示，复古的照片墙与米色地毯交相辉映，打造出英式乡村风格。

图 6-31　黑白打造怀旧感

图 6-32　材料对比打造英式乡村风格

（二）创造二次空间、丰富空间层次

由墙面、地面和顶面围合的空间称为一次空间，一次空间在一般情况下，较难改变现状。那么陈设的摆放设计及分隔的空间则称为二次空间。二次空间更加追求空间的层次感，色彩从冷到暖（图 6-33），明度从暗到亮，造型从小到大、从方到圆、从高到低、从粗到细，质地从单一到多样（图 6-34）、从虚到实等都可以形成富有层次的变化，以丰富陈设效果。

图 6-33　从色彩上丰富空间层次

图 6-34　从质地上丰富空间层次

（三）强化室内环境风格

如果出现室内空间风格不统一的现象，室内陈设便能很好地弥补这一缺陷。好的陈设品选择对室内环境风格起强化作用。图 6-35 为带有春意的装饰画与绿色系的台灯和装饰画，强化了整个空间春意清晰的味道。如图 6-36 所示，具有现代感的黑白地毯与以黑白色为主体的装饰画协调统一，强化了整个现代风格的时尚感。

图 6-35　室内陈设加强清新风格

图 6-36　室内陈设加强现代时尚风格

（四）反映民族特色，陶冶个人情操

中华民族具有自己的文化传统和艺术风格，当然人们对风格的喜爱也是多种多样，而室内陈设最能体现其居室的民族特色、居室主人的心理特征、习惯与爱好，如图 6-37 和图 6-38 所示。

图 6-37　突显民族特色

图 6-38　可爱的田园风格

思考与习题

1. 室内陈设的定义是什么？
2. 室内陈设艺术在现代室内设计中有哪些作用？

第七章 室 内 绿 化

学习目标

通过学习本章内容，从总体上认识绿化植物，在了解室内绿化植物种类的同时，掌握室内绿化植物的选择原则，并能理论联系实际，进行简单的室内绿化设计。

学习重点

居室绿化植物的选择

居室绿化的应用原则

学习建议

1. 多欣赏室内观叶、观花和观果植物，并了解其习性。
2. 多去网站研究设计师们的绿化设计方案和效果图。

第一节 室内绿化的分类

随着社会的发展、人口的膨胀、建筑的增多，环境被污染、绿色生态系统遭到严重的破坏，人们赖以生存的绿色世界正在逐渐消退，人们渴望回归自然的愿望也日益增强。在不断提高的物质文化生活需求下，人们越来越重视改善居室环境，由此室内绿化受到了人们的青睐，成为弥补城市绿化不足、改善人与自然和谐生存的重要手段。

一、植物

植物是室内绿化设计中的主要材料，具有丰富的内涵和作用。广义上来说，室内绿化植物是指一切用于美化和装饰室内环境的植物。从狭义上来说，室内绿化植物是特质比较适应室内环境条件且能够较长时间地生长于室内的植物。根据观赏部位的不同，室内植物可分为三类。

1. 观叶植物

观叶植物是室内植物的重要组成部分。观叶植物有的青翠碧绿，有的五光十色，形状也千姿百态，使人感觉宁静娴雅、清新自然。常见的观叶植物有一品红、吊兰、米兰和狼尾蕨（图 7–1）等。

图 7–1 狼尾蕨

2. 观花植物

这类植物一般花色艳丽、千姿百态，使人感到温暖、喜气洋洋，在室内可以起到画龙点睛的作用。常见的观花植物有水仙、牡丹、杜鹃、瓜叶菊和蔷薇（图 7-2）等。

图 7-2　蔷薇花

3. 观果植物

观果植物的果实一般都光彩艳丽、形状美观，能逗人欢喜、享受丰收，如金桔、冬珊瑚和枸骨等。

二、水、石

水是绿化设计中不可缺少的材料之一，能带给人清凉、自然和深远的意境，使整个设计带有灵气。石的造型和纹理可以制作得非常丰富，具有一定的观赏作用，因此，石也是绿化设计中不可缺少的材料。石的常见类型有太湖石、英石、黄石、花岗石和钟乳石等。在室内绿化中，水和石常常同时作为元素出现在景观中，创造出山石与水体相融的美妙境界，如图 7-3 和图 7-4 所示。

图 7-3　室内水、石小景

图 7-4　水石结合的室内小景

思考与习题

1. 室内绿化植物的分类有哪些？
2. 水、石与植物这两种不同元素在室内绿化中的作用有什么不同？

第二节　室内绿化的功能

室内设计的目的一方面要满足使用功能，合理提高室内环境的物质水准；另一方面要起到抚慰人心、陶冶情趣的作用，使人从精神上得到满足，提高室内空间生理和心理环境的质量。

一、室内绿化的观赏功能

室内绿化的观赏功能主要体现在绿化对室内环境的美化上，其作用主要有两个方面：一是植物本身的美，包括色彩、形态和芳香；二是通过植物与室内环境恰当的组合和有机配置，从色彩、形态及质感等方面产生鲜明的对比，而形成美的环境，如图 7-5 所示。植物的自然形态有助于打破室内装饰直线条的呆板与生硬，通过植物的柔化作用补充色彩、美化空间，使室内空间充满生机，如图 7-6 所示。

图 7-5　优雅的中式风格

图 7-6　生动活泼的配色

二、绿色植物的生态功能

绿色植物的生态功能主要体现在植物对室内空气的净化作用上，植物不仅是大自然的增湿器，更有益于人们的身体健康。

（一）净化空气和调节室内小气候生态功能

现代科学已经证明，室内绿化具有相当重要的生态功能。良好的室内绿化能净化室内空气，调节室内温度与湿度，有利于人体健康，如图 7-7 和图 7-8 所示。植物进行光合作用时蒸发水分，吸收二氧化碳，排放氧气，部分植物还可吸收有害气体，分泌挥发性物质，杀灭空气中的细菌。另外，外墙上植物茂密的枝叶可遮挡阳光，起到遮阳和调节室内温度的作用。据实测，建筑西墙种植爬墙虎，在植被遮蔽 90% 的状况下，外墙表面温度可以降低 8.2℃。

图 7-7　室内植物的摆放 1

图 7-8　室内植物的摆放 2

（二）部分植物的自身功效

（1）吊兰　24小时内，一盆吊兰在8～10m^2的房间内可杀死80%的有害物质，吸收86%的甲醛，如图7-9所示。

（2）虎尾兰　一盆虎尾兰可吸收10m^2左右房间内80%以上的有害气体，如图7-10所示。

（3）龙舌兰　龙舌兰在10m^2左右的房间内，可消灭70%的苯、50%的甲醛和24%的三氯乙烯，如图7-11所示。

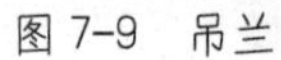

图7-9　吊兰

图7-10　虎尾兰

图7-11　龙舌兰

（三）绿色植物的文化功能

随着城市发展的速度越来越快，人本能地对大自然有着强烈的向往。进行室内绿化设计时，将花草引入室内，使人仿佛置身于自然之中，从而达到放松身心、维持心理健康的目的。人们在不断进行室内绿化养护和管理的过程中也能陶冶情趣、修养身心。各种植物的花语也成了一种文化现象出现在大众的视野，如：玫瑰代表爱情，每逢情人节，大街小巷、室内室外随处可见玫瑰的身影；康乃馨代表母亲，母亲节便也成为康乃馨的节日。这些特殊的语言符号反映了人们对美好事物的向往，对生活的热爱。

思考与习题

1. 室内绿化的功能有哪些？
2. 室内绿化的文化功能表现在哪些方面？

第三节　室内绿化植物的选择

一、选择原则

我国适宜种植的室内绿化植物常用的至少有300种。根据室内主人要求、室内条件和环境的不同，室内绿化植物的选择有所不同，但必须遵循“因地制宜，适室适花”的原则。一般来说，首先根据室内空间选择植物的大小，其次考虑植物的生活习性能否适应居室环境，如室内光照不足、空气湿度低、通风条件差就要选择耐荫的植物（图7-12）。科学表明，大多数观叶植物都能在室内半阴和具有明亮散射光的条件下正常生长（图7-13）。目前常用于室内绿化的植物有文竹、吊兰、冷水花、君子兰、仙人掌、富贵竹、巴西铁、合果芋、万年青、龟背竹、发财树、鹤望兰和棕竹等。

图 7-12　矮株植物具有耐阴能力

图 7-13　明亮散射光下的藤蔓植物

二、选择条件

（一）温度条件

我国南北方住宅温度条件不同，所以根据室内温度条件正确选择适宜的绿化植物种类与品种，是室内绿化成功与否的关键。

（二）光照条件

室内一般是封闭的空间，光照条件较差。选择植物最好是较长时间耐隐蔽的阴性植物。在较大面积南窗前且离窗 0.5～0.8m 左右的位置阳光充足，可选用阳性植物（喜光植物），如扶桑、兰花、球根、宿根花卉和多肉多浆植物等。需要注意的是，任何植物在放置一段时间后都需要转换位置，避免植物因为向光伸长习性导致偏冠而影响其美感。

（三）空气湿度条件

该条件对亚热带和热带观叶植物影响较大，尤其在北方地区干旱多风的季节或在冬季室内取暖季节，室内湿度较低，对空气湿度要求较高的观叶植物应慎用。

思考与习题

1. 室内绿化植物的选择原则有哪些？
2. 室内绿化植物的选择条件有哪些？

第四节　室内绿化的应用原则

一、艺术性原则

室内绿化不是绿色植物的堆积，毕竟居室的空间有限，也不是简单的返璞归真，而是在各园艺绿色植物审美基础上的艺术配置，是园艺艺术的进一步发展和提高。在植物景观配置中，应遵循统一、调和、均衡、韵律四大基本原则（图 7-14 和图 7-15）。植物景观设计中，植物的树形、色彩、线条、质地及比例都要有一定的差异和变化，显示多样性的同时又要使它们之间保持一定相似性。同时注意植物间的相互联系与配合，体现调和的原则，使人具有柔和、平静、舒适和愉悦的美感。

图 7-14　具有节奏与韵律的植物配置

图 7-15　色彩统一调和的植物配置

二、景观性原则

景观性原则，即家居绿化应该表现出植物配置的美感，体现出科学性与艺术性的和谐。在进行植物配置时，需要熟练掌握各种植物材料的观赏特性和造景功能，并对整个群落的植物配置效果进行整体的把握。根据美学原理和人们对植物群落的观赏要求进行合理配置，丰富植物美感，提高观赏价值。如图 7-16 所示，将梅花放入瓷瓶中，与中式家具相搭配，显示出一枝独秀的东方神韵。如图 7-17 所示，植物与沙发、窗户的颜色形成强烈的对比与调和，形成了极好的艺术空间效果。

图 7-16　具有东方神韵的植物设计

图 7-17　色彩与空间的对比彰显美感

三、生态位原则

室内生态位是指一个物种在生态系统中的功能作用反映在对象上所产生的良好影响。在绿化植物配置中，应充分考虑物种在室内的生态特征，合理安排种植的种类与摆放位置，在遵循其艺术性与景观性原则的同时对居室主人能产生密切的生态作用。如图 7-18 所示，植物的重复排列使植物和环境富有趣味性，形成结构合理、功能健全的优美景观。其观赏感作用于人身上能够使人消除疲惫，放松身心。如图 7-19 所示，高挑的南洋杉根据合理的种植摆放于书桌，能起到净化空气的作用，当居室主人在此工作与学习时，能够怡神醒脑、增强效率，此时，南洋杉便发挥了其自身的生态作用。

图 7-18　按序列摆放富有趣味性

图 7-19　南洋杉将自然浓缩于方寸之间

思考与习题

1. 室内绿化的功能有哪些？
2. 室内绿化应如何选择？
3. 室内绿化有哪些应用原则？

第八章 室内设计中装饰材料的运用

学习目标

通过学习室内设计中装饰材料的分类、装饰材料的基本特征与装饰功能、装饰材料的选择，为以后室内设计的学习和工作打下良好的基础。

学习重点

室内装饰材料的分类
室内装饰材料的基本特征与装饰功能
室内装饰材料的选择

学习建议

1. 将课堂学习与市场考察相结合，更好地掌握材料的性能特征。
2. 关注生活中好的室内设计作品及材料的运用，并在设计实践中将其借鉴。

室内装饰材料是指用于建筑物内部墙面、顶棚、柱面和地面等的罩面材料，严格地说，应当称为室内建筑装饰材料。现代室内装饰材料不仅能改善室内的艺术环境，使人们得到美的享受，同时还兼有绝热、防潮、防火、吸声和隔声等多种功能，起着保护建筑物主体结构、延长其使用寿命以及满足某些特殊要求的作用，是现代建筑装饰不可缺少的一类材料。

第一节 室内装饰材料的分类

室内装饰材料种类繁多，按材质可划分为塑料、金属、陶瓷、玻璃、木材、无机矿物、涂料、纺织品和石材等种类；按功能可划分为吸声、隔热、防水、防潮、防火、防霉、耐酸碱和耐污染等种类；按装饰部位可分为内墙装饰材料（表8-1）、地面装饰材料（表8-2）和吊顶装饰材料（表8-3）。

一、内墙装饰材料

表8-1 内墙装饰材料

种 类	品种举例
墙面涂料	墙面漆、有机涂料、无机涂料
墙纸	纸面纸基壁纸、纺织物壁纸、天然材料壁纸、塑料壁纸
装饰板	木质装饰人造板、树脂浸渍纸高压装饰层积板、塑料装饰板、金属装饰板、矿物装饰板、陶瓷装饰壁画、穿孔装饰吸声板、植绒装饰吸声板
墙布	玻璃纤维贴墙布、麻纤无纺墙布、化纤墙布
石饰面板	天然大理石饰面板、天然花岗石饰面板、人造大理石饰面板、水磨石饰面板
墙面砖	陶瓷釉面砖、陶瓷墙面砖、陶瓷锦砖、玻璃马赛克

二、地面装饰材料

表 8-2　地面装饰材料

种　　类	品 种 举 例
地面涂料	地板漆、水性地面涂料、乳液型地面涂料、溶剂型地面涂料
木、竹地板	实木条状地板、实木拼花地板、实木复合地板、人造板地板、复合强化地板、薄木敷贴地板、立木拼花地板、集成地板、竹质条状地板、竹质拼花地板
聚合物地坪	聚醋酸乙烯地坪、环氧地坪、聚酯地坪、聚氨酯地坪
地面砖	水泥花阶砖、水磨石预制地砖、陶瓷地面砖、马赛克地砖、现浇水磨石地面
塑料地板	印花压花塑料地板、碎粒花纹地板、发泡塑料地板、塑料地面卷材
地毯	纯毛地毯、混纺地毯、合成纤维地毯、塑料地毯、植物纤维地毯

三、吊顶装饰材料

表 8-3　吊顶装饰材料

种　　类	品 种 举 例
塑料吊顶板	钙塑装饰吊顶板、PS 装饰板、玻璃钢吊顶板、有机玻璃板
木质装饰板	木丝板、软质穿孔吸声纤维板、硬质穿孔吸声纤维板
矿物吸声板	珍珠岩吸声板、矿棉吸声板、玻璃棉吸声板、石膏吸声板、石膏装饰板
金属吊顶板	铝合金吊顶板、金属微穿孔吸声吊顶板、金属箔贴面吊顶板

思考与习题

1. 室内装饰材料按照材料分为哪几大类？
2. 室内装饰材料按装饰部位分为哪几大类？

第二节　室内装饰材料的基本特征与装饰功能

一、室内装饰材料的基本特征

（一）颜色

材料的颜色（图 8-1 和图 8-2）取决于以下三个方面。

1）材料的光谱反射。

2）观看时，射于材料上的光线的光谱组成。

3）观看者眼睛的光谱敏感性。

以上三个方面涉及物理学、生理学和心理学。在三者中，光线尤为重要，因为在没有光线的地方就看不出什么颜色。人的眼睛对颜色的辨认，由于某些生理上的原因，对同一个颜色的感受上，两个人不可能有完全相同的印象。

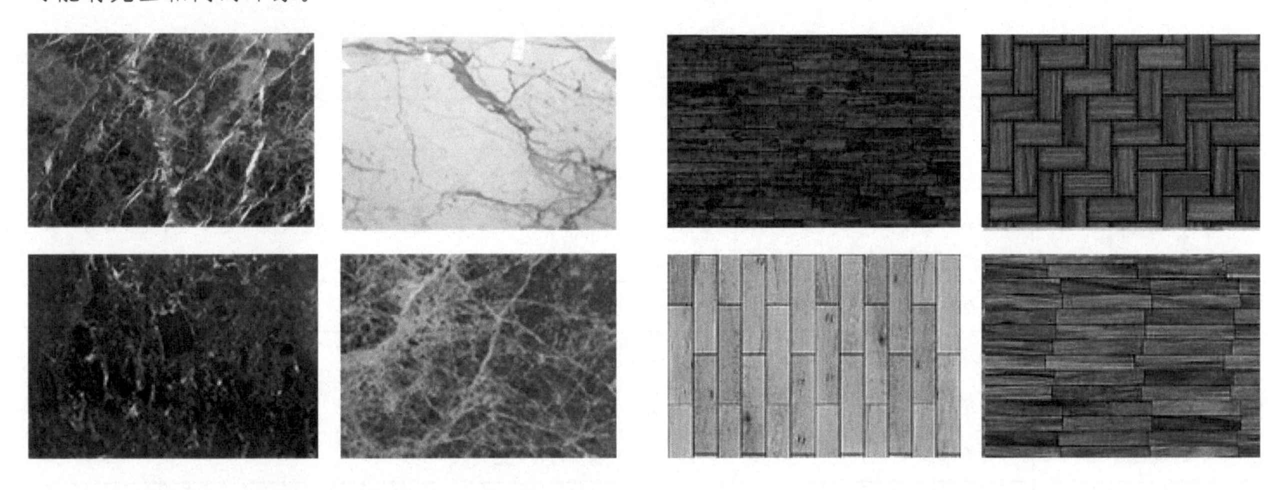

图 8-1　不同颜色的大理石图例

图 8-2　不同颜色的木地板图例

（二）光泽

光泽是材料表面的一种特性，在评定材料的外观时，其重要性仅次于颜色。当光线射到物体上时，一部分被反射，一部分被吸收，如果物体是透明的，则一部分被物体透射。被反射的光线可集中在与光线入射角相对称的角度中，这种反射称为镜面反射；被反射的光线也可分散在各个方向中，这称为漫反射。漫反射与上面讲过的颜色以及亮度有关，而镜面反射则是产生光泽的主要因素。光泽是有方向性的光线反射性质，它对形成于表面上物体形象的清晰程度，即反射光线的强弱，起着决定性的作用。材料表面的光泽可用光电光泽计来测定。如图 8-3 所示，在人工照明的情况下抛光地板砖所呈现的光泽。

图 8-3　在人工照明的情况下抛光地板砖所呈现的光泽

（三）透明性

材料的透明性也是与光线有关的一种性质。既能透光又能透视的物体称为透明体。例如普通门窗玻璃大多是透明的，而磨砂玻璃和压花玻璃等则为中透明。在客厅和餐厅中间部位利用玻璃的透明性作为隔断，既起到划分空间的作用，又不会缩小空间感，如图 8-4 所示。在进行卫生间的处理时，经常会利用玻璃的透明性进行干湿区域划分，如图 8-5 所示。

图 8-4　客餐厅间采用玻璃作隔断

图 8-5　运用玻璃进行干湿分区

（四）表面组织

由于材料所有的原料、组成、配合比、生产工艺及加工方法的不同，表面组织具有多种多样的特征，细致或粗糙、平整或凹凸、坚硬或疏松等。我们常要求装饰材料具有特定的表面组织，以达到一定的装饰效果。如图 8-6 所示，服装专卖店中坚硬的墙面材质与蓬松柔软的服装材质形成对比。如图 8-7 所示，与周围纹理细腻的装饰材料、衣物、沙发相比，具有木质纹理的矮几和坐凳给服装店增添了别样的装饰效果。

图 8-6　材质对比

图 8-7　服装专卖店材质表面组织对比

（五）形状和尺寸

对于砖块、板材和卷材等装饰材料的形状与尺寸都有特定的要求及规格。除卷材的尺寸和形状可在使用时按需要剪裁和切割外，大多数装饰板材和砖块都有一定的形状及规格，如长条形（图 8-8）、方形

（图 8-9）和多角形等几何形状，以便拼装成各种图案和花纹。

图 8-8　条形木地板运用于地面铺装

图 8-9　方形文化石运用于墙面

（六）平面花饰

装饰材料表面的天然花纹、纹理（如天然石材和木材等）及人造的花纹图案（如壁纸、彩釉砖和地毯等）都有特定的要求以达到一定的装饰目的。如图 8-10 所示，木材纹理运用于墙面处理上，与米白色的木地板相映，显得质朴而典雅。如图 8-11 所示，壁纸运用于造型墙面上，对整体空间起到了点缀的作用。

图 8-10　木材纹理运用于墙面

图 8-11　壁纸纹理运用于造型墙面

（七）立体造型

装饰材料的立体造型包括压花（如塑料发泡壁纸）和浮雕（如浮雕装饰板和文化石）。如图 8-12 和图 8-13 所示，文化石的吧台及楼梯区域墙壁所产生的立体造型，让人印象深刻。同时植绒、雕塑等多种形式的组合，也将大大丰富装饰的质感，提高装饰效果。

图 8-12　文化石运用于吧台

图 8-13　文化石运用于墙面

（八）基本使用性

装饰材料还应具有一些基本性质，如一定强度、耐水性、抗火性和耐侵蚀等，以保证材料在一定条件下和一定时期内使用而不损坏。

二、室内装饰材料的装饰功能

（一）内墙装饰功能

内墙装饰的功能是保护墙体、保证室内使用条件，以及使室内环境美观、整洁和舒适。墙体的保护方式一般有抹灰、油漆和贴面等。传统的抹灰能延长墙体使用年限，当室内相对湿度较高、墙面易被溅湿或需用水刷洗时，内墙需做防水层。例如浴室、手术室的墙面用瓷砖贴面（图 8-14），厨房、厕所做水泥墙裙、油漆或瓷砖贴面等（图 8-15）。

图 8-14　墙面砖运用于卫生间

图 8-15　墙面砖运用于厨房墙面装饰

内墙饰面一般不满足墙体热工功能，但当需要时，也可使用保温性能好的材料（如珍珠岩等）进行饰面以提高保温性。内墙饰面材料对墙体的声学性能往往起辅助性功能，如反射声波、吸声和隔声等。例如，采用泡沫塑料壁纸，平均吸声系数可达到0.05dB，采用平均2cm厚的双面抹灰砂浆，随墙体本身容重的大小可提高隔墙隔声量约1.5～5.5dB。

内墙的装饰效果由质感、线型与色彩三要素构成。由于内墙与人处于较近距离，较之外墙或其他外部空间来说，质感要求细腻逼真，线条可以是细致也可以是粗犷有力的风格。色彩根据主人的爱好及房间内在性质决定，明亮度则可以根据具体环境采用反光性、柔光性或无反光性装饰材料。

（二）顶棚装饰功能

顶棚可以说是内墙的一部分，但由于其所处位置不同，对材料的要求也不同，不仅要满足保护顶部和装饰的目的，还需具有一定的防潮、耐脏、容重小和隐藏管线等功能。

顶棚装饰材料的色彩应选用浅淡、柔和的色调，给人以华贵大方之感，不宜采用浓艳的色调。常见的顶棚多为白色，以增强光线反射能力、增加室内亮度，顶棚装饰还应与灯具相协调。如图8-16所示，顶棚采用白色纸面石膏板吊顶，给人以简洁大方之感。如图8-17所示，顶棚采用铝扣板吊顶，具有防潮、耐脏和隐藏管线等功能。

图8-16　白色纸面石膏板吊顶

图8-17　铝扣板吊顶

（三）地面装饰功能

地面装饰的目的可分为三方面：保护楼板及地坪、保证使用条件以及发挥装饰作用。一切楼面、地面必须保证必要的强度、耐腐蚀、耐磕碰和表面平整光滑等基本使用条件。此外，底楼地面还要有防潮的性能，浴室和厨房等要有防水性能，其他地面要能防止擦洗地面等生活用水的渗漏。标准较高的地面还应考虑隔撞击声、吸声、隔热保温以及富有弹性，使人感到舒适，不易疲劳等功能。如图8-18所示，客厅地面采用地毯进行装饰，起到吸声和保温的作用。如图8-19所示，客厅地面采用木地板和地毯进行装饰，具有耐磕碰、表面平整光滑等作用。

地面装饰除了给室内造成艺术效果之外，由于人在上面行走活动，材料及其做法或颜色的不同将给人造成不同的感觉。利用这一特点可以改善地面的使用效果。因此，地面装饰是室内装饰的一个重要组成部分。

图 8-18　地毯的运用

图 8-19　木地板和地毯的联合运用

思考与习题

1. 室内装饰材料的基本特征有哪些？
2. 室内装饰材料主要有哪几个方面的装饰功能？

第三节　室内装饰的基本要求与装饰材料的选择

一、室内装饰的基本要求

室内装饰的艺术效果主要由材料及其做法的质感、线型、颜色三方面因素构成，即常说的建筑物饰面的三要素，这也可以说是对装饰材料的基本要求。

（一）质感

任何饰面材料及其做法都将以不同的质地感觉表现出来，例如结实或松软、细致或粗糙等。坚硬且表面光滑的材料（如花岗石和大理石）表现出严肃、有力量、整洁之感，富有弹性而松软的材料（如地毯及纺织品）则给人以柔顺、温暖、舒适之感。同种材料不同做法也可以取得不同的质感效果，如粗犷的集料外露混凝土和光面混凝土墙面呈现迥然不同的质感。粗犷的石材表面粗糙，具有张力和感染力，如图 8-20 所示；表面光滑的地砖，呈现平滑、坚硬之感，如图 8-21 所示。

室内装饰多数是在近距离观察，甚至可能与人的身体直接接触，通常采用质感较为细腻的材料。较大空间（如公共设施的大厅、影剧院、会堂和会议厅等）的内墙装饰适合采用较大线条及质感粗细变化较大的材料。室内地面因使用上的需要通常不考虑凹凸质感及线型变化，但陶瓷锦砖、水磨石、拼花木地板和其他软地面表面光滑平整，却也可利用颜色及花纹的变化表现出独特的质感。如图 8-22 所示，墙面、顶部及家具大量采用质感粗犷的木材装饰，给人古朴自然之感。如图 8-23 所示，地面采用有纹理的石材作为铺装，给整个空间带来独特之处。

图 8-20　粗犷的石材表面

图 8-21　仿古砖呈现出平滑、坚硬之感

图 8-22　粗犷的木材装饰室内

图 8-23　地面采用石材作为铺装

（二）线型

一定的分格缝和凹凸线条也是构成立面装饰效果的因素。抹灰、刷石、天然石材和混凝土条板等设置分块及分格，除了为防止开裂以及满足施工接槎的需要外，也是装饰立面在比例和尺度感上的需要，如图 8-24 和图 8-25 所示。例如，目前多见的本色水泥砂浆抹面的建筑物，一般均采取划横向凹缝或用其他质地和颜色的材料嵌缝。这种做法不仅克服了光面抹面质感贫乏的缺陷，同时还可使大面积抹面颜色欠均匀的感觉减轻。

图 8-24　线型材料的运用

图 8-25　线型材料运用大厅墙面

（三）颜色

装饰材料的颜色丰富多彩，特别是涂料一类的饰面材料。改变建筑物的颜色通常要比改变其质感和线型容易得多，因此颜色是构成各种材料装饰效果的一个重要因素。不同的颜色会给人以不同的感受，利用这个特点，可以使建筑物分别表现出质朴或华丽、温暖或凉爽、向后退缩或向前逼近等不同的效果，同时这种感受还受到使用环境的影响。例如，青灰色调在炎热气候的环境中显得凉爽安静，但在寒冷地区则会显得阴冷压抑。如图 8-26 所示，餐厅空间中白色墙面和顶棚给人宁静大方的感觉，橙红色花纹餐桌椅及地毯使得整个环境充满暖意。如图 8-27 所示，起居室中灰色和白色的搭配呈现出优雅和宁静的氛围，红色沙发点缀了空间。

图 8-26　白色墙面和红色就餐区

图 8-27　宁静的起居室

二、装饰选材的原则

室内装饰的目的就是营造一个自然、和谐和舒适的环境，各种装饰材料的色彩、质感、触感及光泽等方面的正确选用，将极大地影响室内环境。一般来说，室内装饰材料的选用应根据以下几方面综合考虑。

（一）建筑类别与装饰部位

建筑物有各式各样的种类和不同的功用，如大会堂、医院、办公楼、餐厅、厨房、浴室和厕所等，装饰材料的选择各有不同要求。例如：大会堂庄严肃穆，装饰材料常选用质感坚硬而表面光滑的材料（如大理石和花岗石），色彩用较深色调，不采用五颜六色的装饰；医院气氛沉重而宁静，宜用淡色调和花饰较小或素色的装饰材料。

装饰部位不同，材料的选择也不同。卧室墙面宜淡雅明亮，但应避免强烈反光，可采用塑料壁纸和墙布等装饰。厨房、厕所则应清洁、卫生，以便于清理为主，宜采用白色瓷砖或水磨石装饰，如注重装饰性则可以用马赛克拼花，使卫生间墙面独具个性（图 8-28）。如图 8-29 所示，舞厅和 KTV 是一个兴奋场所，装饰可以色彩缤纷、五光十色，选择具有刺激感的色调的装饰材料为宜。

图 8-28　马赛克运用于卫生间

图 8-29　红黑色灯光材质在 KTV 中的运用

（二）地域和气候

装饰材料的选用常常与地域或气候有关。水泥地坪水磨石散热快，在寒冷地区采暖的房间里使用，会让人感觉太冷，有不舒适感，故应采用木地板、塑料地板或高分子合成纤维地毯，使人感觉暖和舒适。相反，在炎热的南方，则应采用有冷感的材料。

夏天的冷饮店，采用绿、蓝、紫等冷色材料使人感到清凉；而地下室和冷藏库则要用红、橙、黄等暖色调，使人们感到温暖。

（三）场地与空间

不同的场地与空间，要采用与人协调的装饰材料。对于空间宽大的会堂和影剧院等，装饰材料的表面组织可粗犷、坚硬，并有突出的立体感，可采用大线条的图案。对于室内宽敞的房间，也可采用深色调和较大图案，不会让人有空旷感。对于较小房间，其装饰要选择质感细腻、线型较细和有扩展空间效应的材料进行装饰。如图 8-30 所示，餐饮空间顶部运用了大线条原木材料进行装饰，显得简朴而温馨。如图 8-31 所示，质感细腻的墙纸被运用于卧室设计中，营造安逸、舒适的空间。

图 8-30　原木材料的运用

图 8-31　柔和的墙纸在卧室中的运用

（四）标准与功能

装饰材料的选择还应考虑建筑物的标准与功能要求。例如，宾馆和饭店的建设有三星、四星及五星等级别，要不同程度地显示其内部的豪华、富丽堂皇甚至于珠光宝气的奢侈气氛，采用的装饰材料也应分别对待，如在地面装饰上，高级的选用全毛地毯，中级的选用化纤地毯或高级木地板等。

空调是现代建筑发展的一个重要方面，这就要求装饰材料有保温绝热的功能，故墙面材料可采用泡沫型壁纸，玻璃采用绝热或调温玻璃等。在影院、会议室和广播室等室内装饰中，则需要采用吸声装饰材料，如穿孔石膏板、软质纤维板、珍珠岩装饰吸声板等。总之根据建筑物对声、热、防水、防潮和防火等不同要求，选择装饰材料都应考虑具备相应的功能需要。

（五）民族性

选择装饰材料时，要注意运用先进的材料与装饰技术，表现民族传统和地方特点。例如装饰金箔（图 8-32）和琉璃制品（图 8-33）是我国特有的装饰材料，这些材料一般用于古建筑或纪念性建筑装饰，表现我国民族和文化的特色。

图 8-32　装饰金箔在中式设计中的运用

图 8-33　琉璃摆件在中式设计中的运用

（六）经济性

从经济角度考虑装饰材料的选择，应有一个总体观念。不仅要考虑一次性投资，也应考虑维修费用，在关键问题上宁可加大投资，以延长使用年限，从总体上保证经济性。例如在浴室装饰中，防水措施极其重要，因此就应适当加大投资，选择高档耐水性装饰材料。

思考与习题

1. 室内装饰艺术效果主要由哪三方面构成？
2. 室内装饰材料的选择需要考虑哪些因素？
3. 根据所学的内容完成一份市场材料调研报告，要求字数至少2000字，需要图文结合。

第九章　室内装饰中常用的形式美法则

学习目标

通过学习室内装饰中形式美法则，应能够灵活地把这些法则运用于室内装饰设计中，从而提高室内设计的能力。

学习重点

室内设计的形式美法则

学习建议

1. 结合课堂学习与实践案例，拓展室内设计美学知识。
2. 选择相关的书籍和网站进行学习，增强审美能力。
3. 在生活和学习中多留意好的设计案例，体会形式美的表现方式，学会灵活运用。

“美”是美学的重要范畴之一。在人类社会的发展史和现实社会生活当中，美具有重要的地位和作用。一切事物只要是客观存在的，就不能脱离形式。事物的存在、变化甚至相互作用都在形式中展开。而形式美的法则是人们在长期审美实践中对现实中许多美的事物形式特征的概括和总结，并依照这个法则进行美的创造，由此进一步丰富和发展形式美法则的内容。形式美法则作为一种形式法则，具有普遍性和通用性，适用于绘画、雕塑和建筑等各艺术门类，不隶属于任何一种风格范畴。

形式有两种属性，一种是内在的内容，另一种则是事物的外显方式。室内设计中所运用的形式美法则就属于形式的第二种属性的具体体现，是通过形式的外显方式呈现美感。本章主要探讨形式美法则的具体内容以及在室内设计中的运用。从人的心理方面来看，室内设计主要研究心理感受对美的体验。室内设计是实用的美术，设计师应懂得在室内空间里运用形式美的法则进行设计。

第一节　稳定与均衡

稳定是指室内空间的部件上轻下重、上小下大的关系。均衡美是室内设计中常用的形式美法则。设计师要创造一个稳定与均衡的空间，让使用者在这个空间里能够安定、舒适地生活。在处理内墙的界面、材质、色彩和照明等装饰内容方面，均衡所起到的心理审美感受作用较大。均衡追求的是心理上的异形同量，其特点倾向于变化，较之对称式更能产生活泼生动之感。

室内设计运用均衡形式表现在四个方面：一是形的均衡；二是色的均衡；三是力的均衡；四是量的均衡。

一、形的均衡

形的均衡反映在设计中各元素构件外观形态的对比处理上，如顶棚的圆形与其空间界定方形的均衡等。如图 9-1 所示，甜品店侧界面的设计从形状来看，将造型和功能相结合，布局均衡；从造型上来看，它对方形和三角形的重复运用，具有相似性又有变化，同样达到了均衡的目的。

图 9-1 甜品店储物柜和照明的均衡布局

二、色的均衡

色的均衡重点表现在色彩配置的量感上，如室内环境大面积采用暖灰色，而在局部陈设上，选用纯度较高的冷色，达到了视觉心理上量的均衡。如图 9-2 所示，餐厅设计中采用黑、白、灰等无彩色，作为大厅基础色彩，然后家具和陈设运用色彩浓重的红色、蓝色、黄色，达到色彩均衡的目的。如图 9-3 所示，书房色彩以暖灰色调为主，陈设少部分采用纯度较高的暖色搭配，达到安定、宁静的效果。

图 9-2 Pizzikotto 比萨餐厅设计

图 9-3 对称形成的平衡

三、力的均衡

力的均衡反映在室内装饰形式的重力性均衡。例如室内主体视感形象，其主倾向为竖向序列，又有一小部分倾向横向序列，那么整个视感形象立刻会让人感受到重力性均衡。又如室内内庭景观，主景观为垂直发展显其挺拔，次景观为水平波浪式发展显其柔静平和，其均衡中心视点必在两者间距的中心处，产生凝聚向心感，使其内庭景观顾盼深情、景断意连。如图 9-4 和图 9-5 所示为某办公空间设计，从整体色彩搭配、家具和陈设的设计来看，整体感觉均衡而稳定，将照明结合金属形成了具有视觉张力的吊顶造型。

图 9-4 办公空间大厅设计 1

图 9-5 办公空间大厅设计 2

四、量的均衡

量的均衡重点表现在视觉面积的大与小上。例如内墙可看作面形，上面点缀一幅装饰小品可看作点形，这个点形在面形的衬托下则成为观者视点，如果在同一内墙上再点缀一个其他的点形装饰物，这时两个点形由于人的视线不同会出现相互牵拉的视感，暗示出一条神秘的隐线，这条隐线便是产生均衡美感的视觉元。所以设计师在室内装饰上对均衡形式不同层次的整合性挖潜是创造均衡美感的关键，如图 9-6 和图 9-7 所示。

图 9-6 均衡感强的卧室设计

图 9-7 均衡感强的客厅设计

思考与习题

1. 什么是美？

2. 什么是稳定？

3. 什么是均衡？

4. 室内设计中，均衡有哪些表现方式？

第二节　节奏与韵律

节奏通常表现为一些形态元素有条理地反复、交替或排列，使人在视觉上随着视觉路线，形成视觉的节拍。韵律是指按照美学要求而产生的元素与元素之间有节奏地连续进行或者流动，通常体现为视觉流动的通畅性。

室内设计中的韵律美是美感体验中生理与心理的高级需求。韵律美通过室内设计语言形态上点、线、面的有规律重复变化，在形的渐变，构图的意匠序列，色彩的由暖至冷、由明至暗、由纯至灰，材质的肌理，不同表象的层次显现等方面来具体体现，反馈到室内审美主体的心理体验中。韵律美强调的是审美主体与审美客体的共鸣。由设计形态的韵律实景实形，唤起人们的情，产生情景交融的室内意境。例如广州的华侨酒店，其中庭的植物绿化设计别具韵律美感。在空间的布置上运用了“和、顺、柔、美”，形式上注重“色、香、韵、味”。它已不单单是室内绿化本质功能的表露，更重要的是渲染了一种画意、一种比兴方式、一种韵律美感。这种美感，给宾客带来的是对室内意境的遐想，是设计师对设计品格的追求。

一、连续韵律

室内设计元素连续重复出现，形成规整的形象。如图 9-8 所示，珠宝店内装饰造型展台的连续摆放形成节奏感。如图 9-9 所示，餐厅内顶部吊灯的连续放置起到连续韵律的效果。

图 9-8　展台的连续摆放形成韵律

图 9-9　吊灯的连续放置形成韵律感

二、渐变韵律

渐变韵律把连续重复的元素按照一定的规律逐渐变化。如图 9-10 所示，某商业空间中顶棚采用连续重复的圆形进行渐变以形成渐变韵律。如图 9-11 所示，专卖店顶棚运用木板的不规则排列以达到渐变韵律的效果。

图 9-10 顶棚中圆形的不规则渐变

图 9-11 顶棚中木条造型的不规则渐变

三、交错韵律

交错韵律把要素相互交织，穿插成一个角度，可以产生忽明忽暗的韵律。如图 9-12 和图 9-13 所示，服装专卖店中运用人造树枝的相互交错形成交错韵律，营造出森林般的场景。灯光透过树枝投射斑驳光影，显得梦幻迷离。

图 9-12 人造树枝形成交错韵律 1

图 9-13 人造树枝形成交错韵律 2

四、起伏韵律

起伏韵律将物件进行起伏排列或曲线处理，形成优美、活泼的动感。如图 9-14 和图 9-15 所示，专卖店中陈列台设计运用起伏的曲面造型，形成起伏的韵律感，显得动感十足。

图 9-14　曲面造型形成起伏的韵律感 1

图 9-15　曲面造型形成起伏的韵律感 2

思考与习题

1. 什么是节奏？
2. 什么是韵律？
3. 在室内设计中，节奏和韵律的表现方式有哪些？

第三节　统一与变化

统一与变化是形式美中最基本的法则之一。统一是由密切相关的元素所组成的整体，其元素具有共同点，给人以整体感。而变化有大的风格变化，也有细节造型元素的形态变化。

世界上唯一不变的就是变，统一和变化是互为依存、矛盾统一的两个方面，是获得设计美感的重要手段，在室内设计中发挥着重要作用。

室内设计中统一与变化的形式要素主要有点、线、面、体、色彩和肌理等。形式要素是人们的视觉对室内空间进行感知和理解的前提条件。形式要素按一定的方法与规则构成，限定并丰富空间。要素自身的变化与统一以及在空间中所产生的构图关系影响着空间的基本格式和性质，在环境中发挥不同的作用，带给人不同的视觉感受。

一、点、线、面的统一与变化

（一）点

点是形式的原生要素。概念的点没有长、宽和方向，是静止的、集中性的；构成中的点，有大小和位置；处在环境中心的点是稳定的、静止的，当点从中心偏移之时，则产生动势。

室内设计中，点的变化与统一主要体现在背景墙、陈设、照明和装饰小构件等方面。这些点在室内造型设计中的应用有功能性及装饰性之分。从形式上来看，空间中的点有实点、虚点，光点也可看作是空间中的点。如图 9-16 所示，设计师在进行过道设计的时候，墙面以及顶棚均采用了纯净的白色平面处理，无任何多余的修饰，但在地面处理上采用了鹅卵石和圆形青石板的铺装，营造枯山水的禅意风格。如图 9-17 所示，餐饮空间中的照明，呈点状分布，其形式统一，而灯具形状各有不同，使空间灵动而丰富。

图 9-16　空间中点的运用

图 9-17　餐饮空间中点状照明的运用

（二）线

任何物体都可以找出它的线条组成以及所表现的主要倾向，所以人们观察物体的时候总是要受到线条的驱使，并根据线条的不同形式，来获得某些联想和感觉，并引起感情上的反应，如图 9-18 所示。线在视觉上，表现出方向和运动的特征，其大小、粗细和长短等要与周围环境有一定的比例关系。线条有两类，直线和曲线。直线又包括垂直线、水平线和斜线等。

图 9-18　空间各种线的运用

(1) 垂直线　因其垂直向上，表示刚强有力，具有严肃的、刻板的、男性的效果，并使人感到房间较高。当住宅层高偏低时，可利用垂直线给人造成房间较高的感觉。但垂直线用得过多，会显得单调，如果用上一些水平线和曲线，会使僵硬得到些软化。如图 9-19 所示，设计师在进行立面设计的时候，在两边立面墙体上都排列了木线条的设计形式，而在正对的玄关之处采用了黑色文化石的处理，整个空间体现出一种禅意，使整个空间在对比中保持了协调统一。

图 9-19　空间中垂直线的运用

(2) 水平线　使人感到宁静轻松，有助于增加房间的宽度，能引起随和、平静的感觉。水平线常由室内桌椅、沙发和床而形成，或由某些家具陈设处于同一水平高度而形成。水平线使空间具有开阔和完整的感觉。如果水平线用得过多，则需要增加一些垂直线，形成一定的对比关系，显得更有生气。

(3) 斜线　斜线最难用，因为它可以促使目光随其移动。需要注意的是，斜线不宜过多使用。

(4) 曲线　曲线的变化几乎是无限的，由于曲线的形成不断改变方向，因此，曲线富有动感。并且不同的曲线表现出不同的情绪和思想，如圆的或弧形的曲线，给人以轻快柔和的感觉。曲线能体现出特有的文雅、活泼和轻柔的美感，但如果使用不当也可能造成软弱无力、烦琐或动荡不安的效果。值得注意的是，曲线的起止具有一定的规律，突然中断会给人不完整、不舒适的感觉。

(三) 面

面是放大的点和移动的线，是所有基本形态要素中表情最丰富的元素。面大体上分为垂直面、水平面、斜面和曲面几种，不同形状的面会呈现出不同的视觉效果，给人不同的心理感受。例如：方形象征秩序、有条不紊等；心形代表丰富和浪漫的感情。室内空间中的墙面、地面及门窗等都可以看作面。室内中限定形式和空间的三度体积的面属性，如尺寸、形状、色彩、质感及它们与环境的有机组合，将最终决定这些面限定的形式所具有的主要视觉特征，是变化为主，还是统一为重。如图 9-20 和图 9-21 所示，LinkedIn 办公室设计面的运用中，蓝色矩形灯带、矩形椅面、矩形铺装，与其公司蓝色矩形 LOGO 相统一，成为空间中最为鲜艳的颜色。

图 9-20　LinkedIn 办公室设计面的运用

图 9-21　空间中面的运用

二、色彩的统一与变化

色彩的统一与变化，是色彩构图的基本原则。与形状相比较，色彩在室内环境中对人的视觉感知速度要快得多。为了达到室内空间感觉的整体统一，运用色彩要素来表现设计是最便捷而且行之有效的方法。

（一）色彩的重复或呼应

将同一色彩运用到空间中的几个部位，从而使其成为控制整个室内的关键色。通过色彩的重复、呼应与联系，可以加强色彩的韵律感，使室内色彩达到多样统一。如图 9-22 所示，室内色彩以暖灰色和白色为主要基调，在床单、座椅和灯具上使用明黄色，统一中有变化，不单调、不杂乱，色彩之间有主有从有中心，形成一个完整和谐的整体。如图 9-23 所示，红色沙发、红色靠枕，黄色沙发、黄色座椅，用相同的色块使室内空间相互联系，物与物之间显得更有内聚力。

图 9-22　色彩的重复运用

图 9-23　空间中色彩的呼应

（二）色彩有节奏的连续

色彩有规律地布置，能引导视觉有规律地运动。色彩韵律感不仅能用于大面积，也可用于位置接近的物体上。室内色彩可以统一划分成许多层次，色彩关系随着层次的增加而复杂，随着层次的减少而简化，不同层次之间的关系可以分别考虑为背景色和重点色。例如背景色常作为大面积的色彩，宜用灰调，重点色常作为小面积的色彩，在彩度和明度上比背景色要高。将相同色彩用于家具、窗帘和地毯，使其他色彩居于次要的、不明显的地位，也能使色彩之间相互联系，形成一个多样统一的整体，色彩上产生彼此呼应的关系，从而取得视觉上的联系和唤起视觉的运动，如图 9-24 和图 9-25 所示。

图 9-24　空间中色彩有节奏地运用 1

图 9-25　空间中色彩有节奏地运用 2

（三）色彩的强对比

在色调统一的基础上可以采取加强色彩力量的办法，即通过重复、韵律和对比来强调室内某一部分的色彩效果。尤其是室内的趣味中心或视觉焦点，可以通过色彩的对比等方法来丰富效果。室内一旦存在对比色，其他色彩便退居次要地位，视觉很快集中于对比色。通过对比，各自的色彩更加鲜明，从而加强了色彩的表现力。色彩对比，并非只有红与绿、黄与紫等，还有色相上的对比。色彩对比还可采用明度对比（图 9-26）、彩度对比（图 9-27）、清色与浊色对比、彩色与非彩色对比等，来获得色彩构图的最佳效果。

图 9-26　居住空间中色彩的明度对比

图 9-27　居住空间中的彩度对比

三、肌理的变化与统一

肌理是物质表面的纹理特征，在室内设计中，主要体现为材料的质感。材质肌理分为天然肌理和人工肌理：天然肌理即未经加工材料表面本身自带肌理，如图 9-28 所示；人工肌理即运用各种材料，通过先进的工艺手法创造新的肌理形态，以丰富外在造型形式，如图 9-28 所示。例如运用硅藻泥涂料制作各种肌理形态，以代替墙纸。

室内设计必须通过装饰材料才能得以实现，因此，材质的肌理对室内设计至关重要。肌理的变化，可以进一步强调或削弱空间大小、形式，吸引或转移视线，起到划分、隔断、连接或过渡空间的作用。为避免材料的堆砌和过于追求奢华的纹理效果而导致缺少整体感的设计，在材料搭配上，必须注意少而精的原则，在统一基础上把握肌理的变化，如图 9-29 所示。

图 9-28　餐饮空间中人工肌理的运用

图 9-29　办公空间中材质肌理的对比

思考与习题

1. 室内设计中统一与变化有哪些表现形式？
2. 色彩的统一与变化，在室内设计中是如何运用的？

第四节　虚实与主次

虚实作为艺术形式美法则中的一部分，自古以来就受到艺术家的喜爱。“虚实”最初出现在中国古代哲学思想中。中西方均有虚实结合的绘画技巧，室内设计同样可以借鉴其方法，运用先进科学技术，在室内空间设计中处理好虚实关系，使设计更富有美感和艺术表现力。

主次是指室内空间中各界面的主次关系。初学者往往容易进入一个误区，喜欢把能想到的所有美好的东西都放进空间，对空间的每一个界面都进行重点设计。实际上，设计师应该懂得将某一界面进行重点处理，而将其他界面做简单处理，甚至某些界面可以直接留白，形成对比，以突出重点设计部分，使之更加醒目，达到让人印象深刻的效果。如图 9-30 所示，设计者将空间中的墙面进行了手绘处理，使其独具个性，而其他界面做简单处理使空间中的重点非常明确。

室内设计作为一门综合艺术，其实质是空间的设计创新。通过设计创新，可以给人一种全新的空间感受，创造富有魅力的意境。运用虚实与主次的手法，通过空间形态、色彩和材料等要素进行室内空间创作，用巧妙的组合、虚实的流动，创造出良好的空间，如图 9-31 所示。

图 9-30　手绘墙划分主次

图 9-31　色彩划分主次

一、室内设计中形态要素的虚实关系

形态作为一种特殊的设计语言符号，能形象、直观地反映室内设计信息。在室内设计中，形态的形式包括点、线、面、体等。室内设计中的实空间是形态本身的大小、位置、数量和组合方式等变化在室内设计中所展现的结构布局；而室内设计中的虚空间则是除了实体形状以外的部分，随着实体形状空间的变化而变化。在进行室内空间设计时，应根据主题内容及风格定位选择不同的形态组合，可以采用点、线、面组合，或形的大小及位置组合的处理，在虚实空间表现上形成自由灵活和层次感强烈的视觉效果。如图 9-32 所示，建筑外立面十字形门窗造型与建筑本身造型形成虚实结合。

形态作为室内环境的构成要素，借助点、线、面的组合穿插，构成分与聚、围合与通透的虚实关系，形成空间中的藏与露、含而不露、柳暗花明、曲径通幽，这里的暗与曲也是虚空间，而坦露于外的形体则给人以实空间的感觉。如图 9-33 所示，餐饮空间中圆形镂空隔断与整体空间形成虚实平衡。

图 9-32 门窗与建筑形成虚实

图 9-33 隔断与整体空间形成虚实平衡

二、室内设计中材料要素的虚实关系

不同的材质有不同的虚实感觉，材质的透光性差异成为材质虚实质感的重要因素。透光性较好的材质，有透明玻璃、有机玻璃以及建立在有机玻璃之上的夹娟、夹丝、磨砂玻璃，建立在镜子之上的烤漆、茶镜、银镜等各种镜子，给人虚的感觉。这些透光和折光性好的材质使得空间得到最大化拉升，同时沟通了同外界的联系，如图 9-34 所示。而透光性较弱的材质如石头、木材和金属等给人以实的感觉。表面粗糙的石材由于其坚实的质感，成为具有“实”质属性的典型材料，当它与具有虚质倾向性的材料搭配时，即可带来虚实对比。

如图 9-35 所示，卫生间的设计中，选取表面粗糙、厚重的大理石制作造型，再镶嵌镜子，选用细腻洁白的瓷质面盆，三者截然不同的质感形成了强烈对比，给人一种疏中有密、粗中有细、虚实相间的视觉体验，从而达到虚实结合的目的。

图 9-34 居住空间中材料营造虚实美

图 9-35 材料营造虚实对比

三、室内设计中色彩要素的虚实关系

色彩是室内设计空间构成的视觉语言，也是调配空间的主要因素，通过不同色彩来组织和搭配就能够形成富有生命力的空间环境。色彩通过色相、明度和纯度展现出丰富多变的色彩世界，结合冷暖、明暗及深浅的变化能够在室内设计中强化虚实空间关系。

在室内设计中，运用色彩的面积效应来配置具有虚实主次层次的色彩环境，如大面积的背景墙使用冷色，再结合小面积暖色的家具陈设，就形成了室内的虚实空间对比。不同色彩冷暖色相的灰度具有不同的文化含义与情感表达，在室内设计中合理地运用色彩的明暗效果能够突出实体空间。如图 9-36 所示，会议室空间设计中统一色调为暖灰色，为突出会议室的主题，纯度最高的色彩是会议桌和椅子的色彩，而其他都做灰色的虚化。色彩的浓淡和冷暖也可以突出室内空间设计中虚实结合的特点。图 9-37 所示为一大厅中的休闲区域，相比较旋转楼梯的冷灰色和暖灰色，运用高纯度的蓝色、黄色和红色营造出明确的虚实感。

图 9-36　色彩的虚实对比 1

图 9-37　色彩的虚实对比 2

思考与习题

1. 室内设计中怎样区分主次？
2. 室内设计中虚实手法的表现形式有哪些？

第五节　比例与尺度

一、比例与尺度

比例是指在大小、数量和程度方面，一个元素相对于另一元素或相对于整体的关系。在设计中一个元素相对于另一元素的关系可以是长度对长度、大小对大小、长度对宽度、布局、明暗或颜色等，只要是可以量化的东西都可以用比例来衡量。一切造型艺术都存在比例是否和谐的问题。和谐的比例具有美感，也具有艺术表现力。

尺度有具体的尺寸界线，空间的大小显而易见。但尺度又与真实的大小相区别，它并非真实尺寸的大小，而是指室内空间的整体或局部给人感觉上的大小印象和其真实大小之间的关系。尺度感是人们在室内空间中以自己的身体为参照，通过对建筑内部空间各形体的尺寸进行比较后所产生的感受。室内设计的尺度感，来自墙面、顶棚和地面所形成的一个有限空间，它具有相对性，涉及美学和人体工程学。一个设计空间或建筑物过大还是过小，更多的是人们面对空间作用下的心理感受以及诉求的体现。

美好的构成都有适度的比例与尺度，即构成的各部分之间、部分与整体之间的关系要符合比例。空间是室内设计的基础，能否营造一个合理和舒适的空间尺度，是决定设计方案成败的关键因素之一。因此，成功的室内设计作品应该根据其使用功能和建筑技术等因素，确立一个最合理的且符合人们生理与心理两方面需要的尺度。如图 9-38 所示，儿童鞋专卖店中造型树的比例进行放大形成装置架，既满足了功能性的需要，同时也达到了审美的要求。如图 9-39 所示，某商业空间中落地灯的比例放大处理，达到了视觉的审美，同时也满足了空间的功能需求。

图 9-38　放大比例的造型树

图 9-39　放大比例的落地灯

在室内空间设计中空间的比例尺度主要是根据房间的功能使用要求确定的，如住宅中的居室，过大的空间难以造成亲切和宁静的气氛。因此，居室的空间只要能够保证功能的合理性，即可获得恰当的尺度感。而对于公共活动的空间来讲，过小或过低的空间会使人感到局促或压抑，或有损于它的公共性。出于功能要求，公共空间一般具有较大的面积和高度。例如人民大会堂的万人大礼堂，从功能上讲要容纳一万人集会，从艺术上来讲要具有庄严、博大和宏伟的气氛，两者都要求有巨大的空间，这里功能与精神要求也是一致的。因此，只要实事求是地按照功能要求来确定空间的大小和尺度，一般都可以获得与功能性质相适应的比例与尺度感。

总而言之，在处于多学科交叉、渗透、融合和发展中的当代室内设计大环境下，室内设计师要充分运用这些形式美法则，将室内空间的功能需求与艺术美更好地结合起来，创造符合功能需要且具有文化内涵意义与审美价值的当代室内设计文化。

二、如何建立良好的尺度感

某些学生由于没有建立良好的尺度感，学习中无法深入推进自己的设计思路。艺术类考生的优势是具有一定的美术功底和审美修养，但其弱势在于他们在专业学习中对室内设计专业的认识较为感性，在设计方案中往往用感性的审美代替现实中的空间设计。由于尺度意识的缺失，设计出的方案经常存在好看而不合理的问题，甚至脱离了实际空间，成为纸上谈兵，这成为学生学习室内课程的瓶颈。

建立良好的尺度感需要有一个较为漫长的积累过程，不可速成。在学习和生活中要做有心人，随时留意身边的尺寸和尺度感。

（一）日常生活中感知室内空间尺度

把握空间尺度感首先要从感知空间入手，在日常生活培养尺度，要做到四多：多观察、多画、多测量、多实践。多观察，观察的对象包括毛坯房、尺度感良好的样板房设计、尺度感差的设计案例。多画，是指养成按比例绘制草图的习惯，如此，对比例的把握才不会脱离真实。画图的过程中对每一条线段代表的实际长度都要做到心中有数，而不是单纯地进行线条的拼凑和组合，做到这一点，至少在尺度感的把握上不会出现大的问题。多测量，是指在生活当中，多留意身边的尺寸。例如随身携带一把卷尺，用它量一下自己的家具、房间、楼梯的尺寸，甚至是走到哪量到哪。当然也可以在自己身上找一个标尺作为参照，如人手的中指和拇指张开的长度差不多 20cm，这个方法可以不用随身带卷尺便可测量，十分方便。多实践，是指要融入真实的空间中，深刻体会空间，再回到设计中完成具有实践性的方案，培养良好的尺度观念和设计意识。

（二）掌握并运用人体工程学理论

人们往往通过自身的尺寸为基本参照来体验尺度感，而人体尺寸正是人体工程学研究的最基本的数据之一。营造一个符合人的生理与心理两方面需求的尺度，需要掌握并运用人体工程学的基础理论。

首先，在设计的过程中以人体的静态尺度为基础。人体静态尺度建立在人体尺寸和比例的基础上，如门洞的高度和宽度、踏步的高度和宽度、家具的尺寸。其次，在设计的过程中合理分配动态活动尺度。人在使用室内空间时需要在空间内走动或进行各项活动，这就涉及人的各种动态所需空间尺寸和尺度的分配，从而得出最小和最佳的空间尺寸及室内的行动路线图，为设计者确定空间范围提供有效的依据。

（三）运用辅助手段直观地建立尺度感

室内设计的课程中包含部分设计表达的课程，如建筑装饰制图与识图、3ds MAX 基础建模、SketchUp 草图大师、模型制作等。这些课程对建立良好的室内空间感会起到极其重要的作用。尤其是模型制作的课程，因为 3ds MAX、SketchUp 在运用的过程中可以滑动鼠标自由地放大缩小，而模型制作却不行，必须按照设定好的比例，对所有的尺寸进行缩放。需要注意的是，在室内设计的模型制作中要加强其尺度观念。例如，按照模型的比例做一个 1000mm×1000mm 的矩形或 500mm×500mm 的矩形等，其他家具、设施和铺装等都以它为参照。

由此，通过模型制作，能用直观的方式将设计创意表达出来。在模型制作的过程中进一步构建空间感和尺度感，从而提高室内设计的综合水平。当然，同时也可以与计算机辅助设计手段相结合，采用多样化的手段建立直观模型。

思考与习题

1. 什么是尺度？
2. 怎样加强比例感和尺度感？
3. 室内设计中都有哪些形式美法则？举例说明两种形式美法则的运用。

第十章　人体工程学在室内设计中的运用

学习目标

通过学习人体工程学的概念及人体尺寸的相关知识，了解人体尺寸与室内设计中空间、家具设计和心理空间的关系，明确符合人体工程学的室内环境能够为人们提供一个安全、健康、舒适的学习氛围和工作环境，以提高人的生活质量。

学习重点

人体工程学与室内设计

人的行为心理与空间环境

学习建议

1. 结合课堂学习选择相关的书籍阅读，拓展理论知识。
2. 多观察、多浏览网站上室内空间的安排与家具的标准尺寸。

第一节　人体工程学的概念

一、人体工程的定义

人体工程学是研究“人－机－环境”系统中人、机、环境三大要素之间的关系，为解决该系统中人的效能，为健康问题提供理论与方法的一门技术科学。

二、人体基础数据

（一）人体构造

与人体工程学关系最紧密的是运动系统中的骨骼、关节和肌肉。这三部分在神经系统的支配下，使人体各部分完成一系列的运动。骨骼由颅骨、躯干骨和四肢骨三部分组成，脊柱可完成多种运动，是人体的支柱，关节起骨节间连接且能活动的作用，肌肉中的骨骼肌受神经系统指挥收缩或舒张，使人体各部分协调动作。

（二）人体尺度

人体尺度是人体工程学研究的最基本的数据之一，如图 10-1 和图 10-2 所示，表 10-1 为我国成年男女人体的各部分平均尺寸。

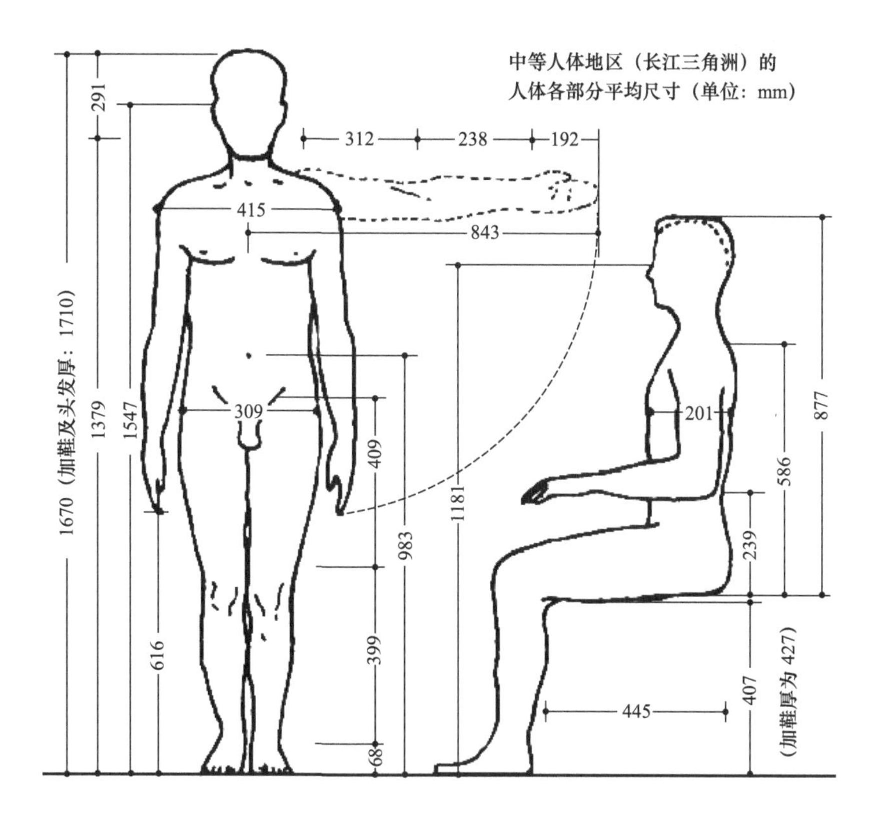

图 10-1　成年男子人体基本尺寸

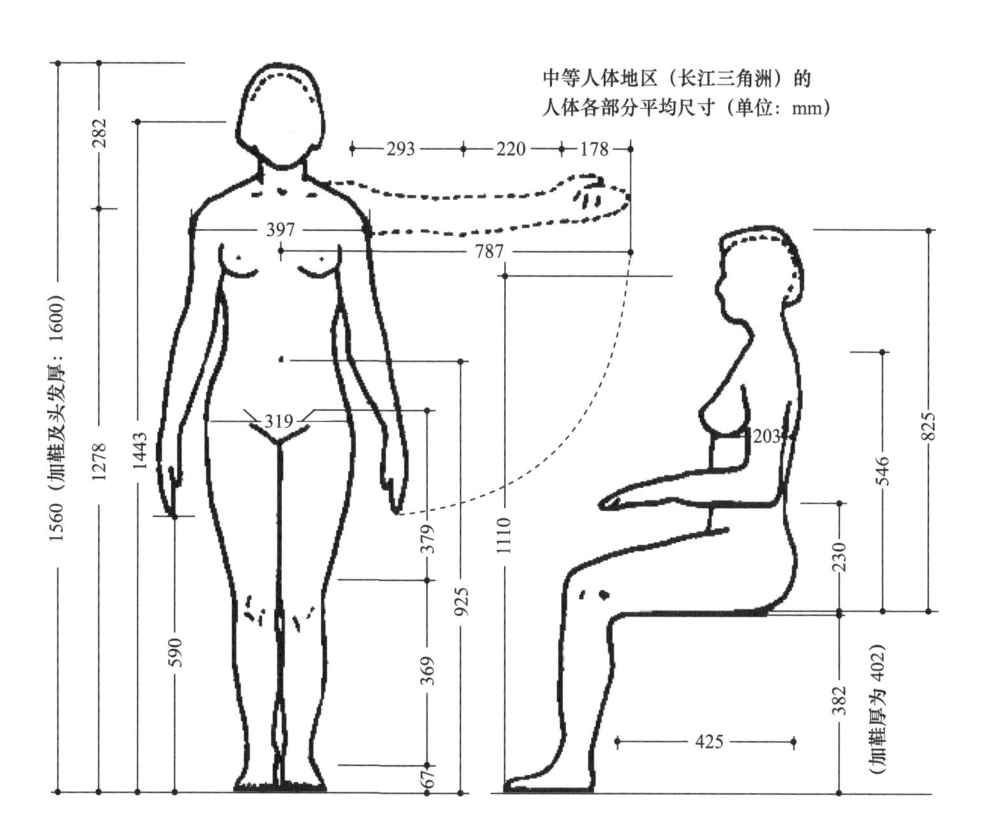

图 10-2　成年女子人体基本尺寸

表 10-1　我国成年男女人体的各部分平均尺寸　　（单位：mm）

编　号	部　位	较高人体地区（冀、鲁、辽）		中等人体地区（长江三角洲）		较低人体地区（四川）	
		男	女	男	女	男	女
1	人体高度	1690	1580	1670	1560	1630	1530
2	肩宽度	420	387	415	397	414	385
3	肩峰至头顶高度	293	285	291	282	285	269
4	正立时眼的高度	1513	1474	1547	1443	1512	1420
5	正坐时眼的高度	1203	1140	1181	1110	1144	1078
6	胸廓前后径	200	200	201	203	205	220
7	上臂长度	308	291	310	293	307	289
8	前臂长度	238	220	238	220	245	220
9	手长度	196	184	192	178	190	178
10	肩峰高度	1397	1295	1379	1278	1345	1261
11	上身高长	600	561	586	546	565	524
12	臀部宽度	307	307	309	319	311	320
13	肚脐高度	992	948	983	925	980	920
14	指尖到地面高度	633	612	616	590	606	575
15	上腿长度	415	395	409	379	403	378
16	下腿长度	397	373	392	369	391	365
17	脚高度	68	63	68	67	67	65
18	坐高	893	846	877	825	350	793
19	腓骨高度	414	390	407	328	402	382
20	大腿水平长度	450	435	445	425	443	422
21	肘下尺寸	243	240	239	230	220	216

思考与习题

1. 什么是人体工程学？
2. 人体骨骼由哪三部分组成？

第二节　人体工程学与室内设计

一、人体工程学在室内设计中的作用

（一）为确定空间范围提供依据

现代室内设计日益注重“以人为本”的根本原则，注重人与人、人与社会相协调，也就是当前所强调的“人性化”设计。在设计的过程中，可以根据人体不同姿势的动作舒适区来分析研究出动作的速度、顺序和节奏等，从而得出最小和最佳的空间尺寸及室内的行动路线图，为设计者确定空间范围提供有效的依据。

（二）为家具设计提供依据

人体工程学为确定家具、设施的形体、尺寸及其使用范围提供了依据。人体构造尺寸和功能尺寸决定了家具的最佳尺寸、组合方式和室内空间的尺度等。人体尺寸的运用由人体总高度和宽度决定其物体的尺寸，如门、通道和床等，首先应以大个子的需要为标准，而由人体臂长及腿长等尺寸决定的物体应以小个子的需要为标准。

（三）为确定感觉器官的适应能力提供依据

人的感觉有视觉、听觉、触觉、嗅觉和味觉等。室内物理环境中的热环境、声环境、光环境、重力环境及辐射环境等对人体都会产生不一样的心理效应。人们的心理空间往往是设计师对室内空间进行有效布置的依据。为人们塑造有利于身心健康的工作、生产、生活和休息的良好环境，是室内设计中运用人体工程学的目的。

二、室内设计中人体尺寸的运用

（一）人体作业域

人在工作时常用的姿势为站姿、坐姿、跪姿和躺姿。根据四个常用的姿势，我们将人体作业域又分为水平作业域（图 10-3）和垂直作业域（图 10-4）。而水平作业域中又可以分为最大作业域和通常作业域，垂直作业域则决定了摸高和拉手。在室内空间设计中，人体动作域的应用也是十分广泛的，它可以用于确定空间中各种工作台面的大小及高低，各种储存家具的放置及安装位置，各种控制装置的安装位置等。

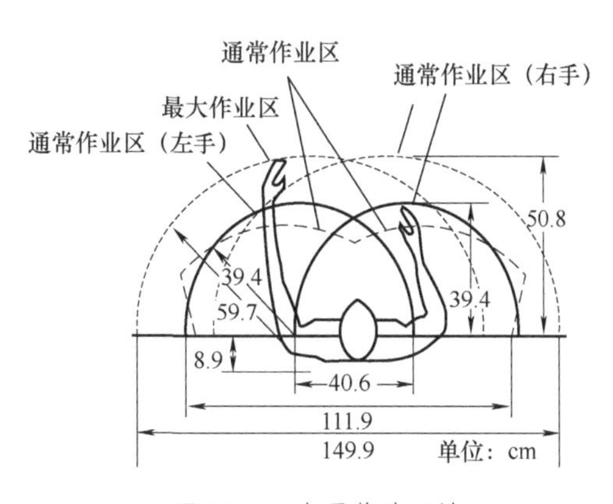

图 10-3　水平作业区域

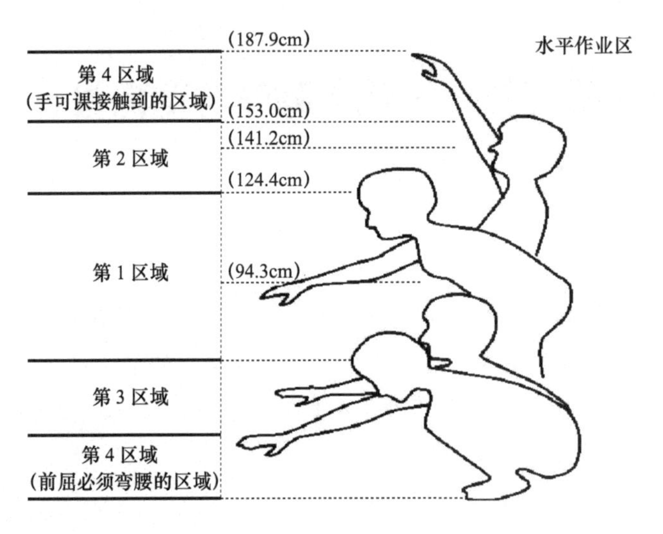

图 10-4　垂直作业区域

（二）影响作业域的因素

1）保持空间内是否有工作用具。

2）保持一定的活动行程。

3）手是否持有载荷或需移动载荷。

4）目标的最佳位置。

三、人体尺寸与家具的设计

根据家具与人体的关系，可以把家具分为建筑类家具和人体类家具两类。建筑类家具是指与人体接触时间较少的工具柜、货柜、展柜、衣柜、餐柜、电视柜或酒柜等收纳柜类家具。而人体类家具则是指与人体密切相关的、直接影响人的健康与舒适性的家具，主要包括椅、桌、操作台与床等。这类家具往往能使人们在忙碌的工作和生活之余达到放松肌肉和休息的目的。要使人从疲劳中迅速恢复，感觉舒适，座椅、床等设备的功能储存是否符合人体工程学至关重要。

（一）建筑类家具设计的人体工程学

建筑类家具的设计主要依据人体身高和动态活动范围，并按人体工程学的原则根据人体操作活动的可及范围来安排，且考虑物品使用频度来安排所存放的位置，如图 10-5 所示。一般而言，物品存放的位置以地面标高 600 ～ 1650mm 的范围最方便。

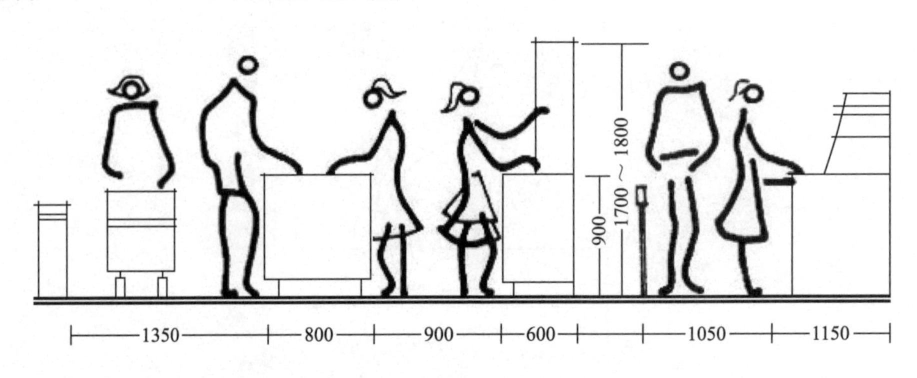

图 10-5　家具的人体尺寸范围（单位：mm）

（二）人体类家具设计的人体工程学

1. 椅

坐姿有利于身体下部的血液循环，减少下肢的肌肉疲劳，同时坐姿还有利于保持身体稳定。但是由于保持坐姿时，骨盆向后方倾转，因而使背下端的骶骨也倾转，使脊柱由S形向拱形变化，这样使脊柱的椎间盘承受很大的压力，而导致腰痛等疾病。在设计各种坐具时，关键是要掌握好座面与靠背所构成的角度，选择适当的支撑位置，分析体压分布的情况，使接触面得到满意的舒适感。座椅表面设计不妥，会使大腿受压迫，影响下肢的血液循环，造成下肢麻木。根据座椅设计的人体工程学基本原则，座椅设计的主要尺度如图10-6～图10-8所示。座椅设计的尺寸见表10-2。

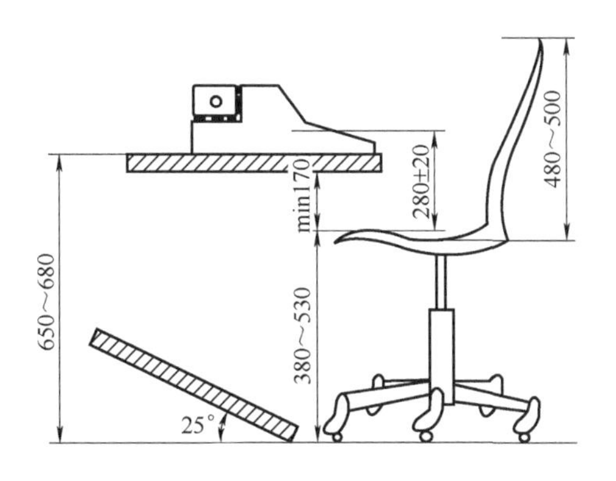

图10-6　高靠背办公座椅、工作面、搁脚板的配合尺寸1（单位：mm）

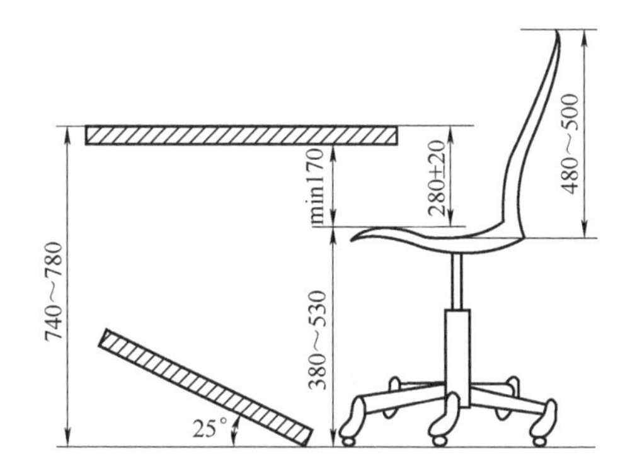

图10-7　高靠背办公座椅、工作面、搁脚板的配合尺寸2（单位：mm）

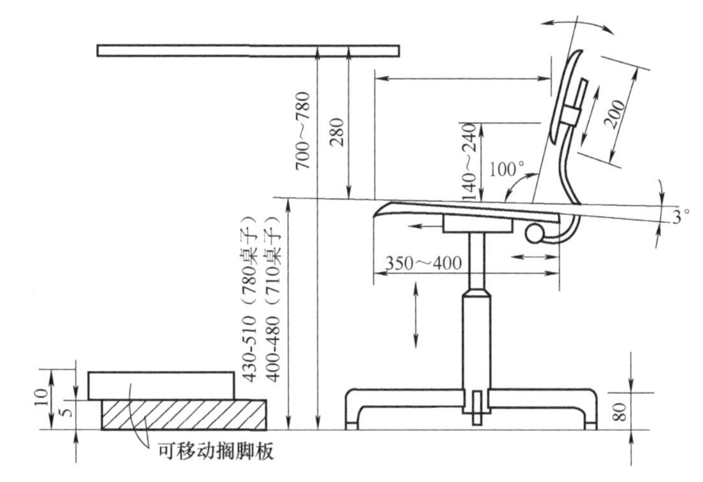

图10-8　中靠背办公座椅、工作面、搁脚板的配合尺寸（单位：mm）

表10-2　座椅设计的尺寸

座高	休息用椅38～45cm，工作椅43～50cm
座宽	43～45cm
座深	休息用椅40～43cm，工作用椅35～40cm
座面倾角	休息椅19°～20°，工作椅小于3°
靠背的高度与宽度	最大高度可达48～63cm，最大宽度可达35～48cm
靠背角度	阅读用椅101°～104°，休息椅105°～108°
扶手高	坐垫有效厚度21～22cm

2. 床

床的尺度分为床宽、床长、床高和床的硬软度。床的宽度尺寸，多以仰卧姿势为基准，通常为仰卧时人肩宽的 2.5 ～ 3 倍，而女子肩宽尺寸常小于男子，故一般以男子为准；床长指床框架内的净尺寸，一般可按下列公式计算：K（床长）=H（平均身高）×1.05+A（头前余量）+B（脚下余量）。床高应该与座椅的坐高一致，所以可参照椅子坐高的尺度来确定。这一尺度对穿衣脱鞋等一系列与床发生关系的动作而言也是合适的。双层床的间高要考虑两层净高必须满足下层人坐在床上能完成有关睡眠前或床上动作的距离。床是否能消除疲劳，除了合理的尺度以外，主要取决于床的硬软度能否使人体卧姿处于最佳状态，图 10-9 所示为软、硬床面体压分布情况。为了使体压得到合理分布，需精心设计好床垫的弹性材料，可以采用不同材料搭配成三层结构：与人体接触的面层采用柔软材料；中层采用硬一些的材料，有利于身体保持良好的姿态；最下层是承受压力的部分，用稍软的弹性材料起缓冲作用。床的常见规格见表 10-3 ～表 10-5。

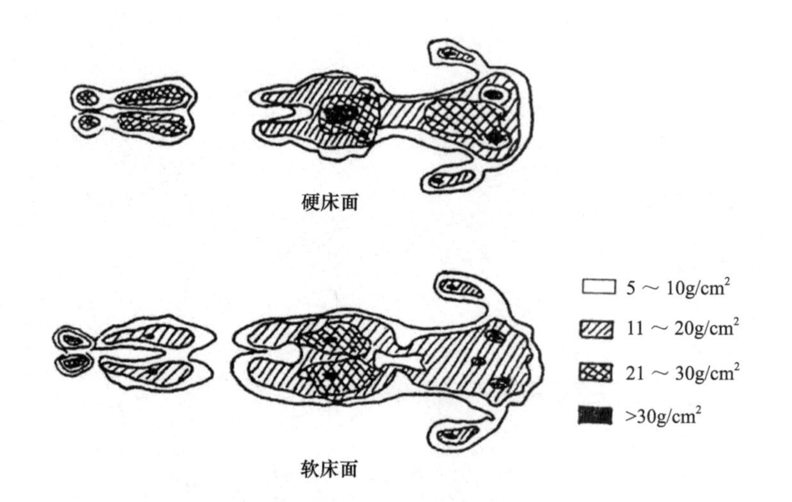

图 10-9　软、硬床面体压分布情况

表 10-3　双人（单人）床的常见规格　　（单位：mm）

类　型	床　长	床　宽	床　高
大	2000，2000	1500，1000	480，480
中	1920，1920	1350，900	440，440
小	1850，1850	1250，800	420，420

表 10-4　儿童床常用规格 1　　（单位：mm）

托 儿 所	床　长	床　宽	床 面 高	栏 杆 高
小班	900	550	600	1000
中班	1050	550	400	900
大班	1100	600	400	900

表 10-5　儿童床常用规格 2　　（单位：mm）

幼儿园	床长	床宽	床面高	栏杆高
小班	1200	600	220	400
中班	1250	650	250	450
大班	1350	700	300	500

思考与习题

1. 人体工程学在室内设计中有哪些作用？
2. 如何运用室内设计中的人体尺寸？
3. 符合人体工程学的座椅设计有哪些基本原则？

第三节　空间环境与人的心理空间

通常来说，人们并不仅仅以生理的尺度去衡量空间范围，对空间的满意程度以及使用方式还取决于人们的心理尺度。

一、个人空间

每个人都有自己的个人空间（是指直接在每个人周围的空间），通常具有看不见的边界，在边界以内往往不允许“闯入者”进来。它随着人体移动，具有灵活的收缩性。个人空间的存在可以有很多的证明，如在一群交谈的人中、在图书馆中、在公共汽车上、在公园中或在人行道上等。人与人之间的密切程度就反映在个人空间的交叉和排斥上。

二、领域性

人们创建室内环境，就是为了其个人活动不被外界干扰或妨碍，在不同活动中都有生理和心理范围的领域，这一点与“个人空间”有很大的不同。“领域性”在日常生活中是非常常见的，如工作场所中自己的位子、住宅门前的一块区域等。

三、人际距离

室内环境中个人空间常需进行人际交流，其距离的大小取决于人们所在的文化背景和所处情况的不同而相异。人们在接触时根据不同的接触对象和不同的场合，在距离上各有差异。人与人之间是熟人或是生人，不同身份的人，人际距离都不一样。如图 10-10 所示，人际交往距离分为四种：密切距离、个体距离、社会距离和公众距离。

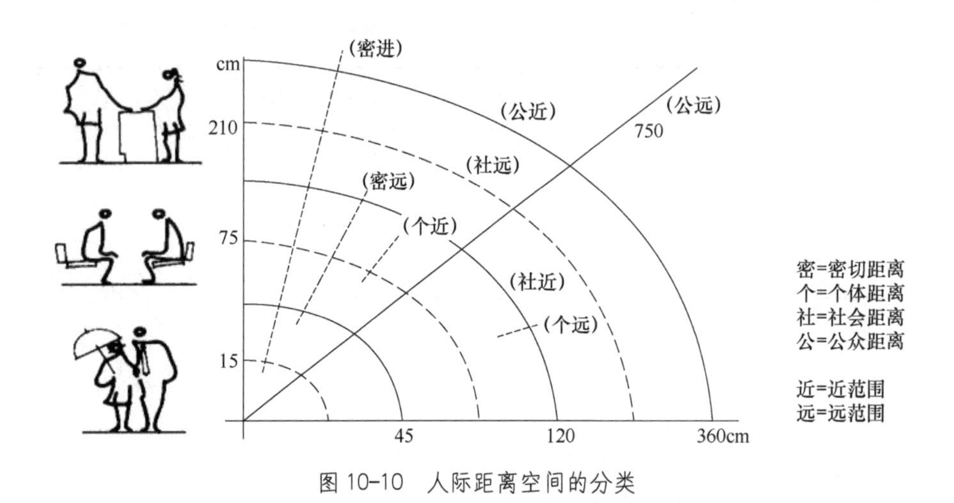

图 10-10　人际距离空间的分类

思考与习题

1. 人体工程学是如何对人的心理空间造成影响的？
2. 什么是领域性？

第十一章　室内设计中的分类设计

学习目标

通过学习居住空间、办公空间、餐饮空间和娱乐空间的设计，掌握各类空间功能区域的划分、设计原则及设计方法等知识点，能够独立完成各类空间的方案图布置。

学习重点

各类空间室内设计的功能分区及空间设计要点
各类空间室内设计的基本原则与方法

学习建议

1. 结合课堂学习与相关书籍的阅读，拓展专业知识。
2. 多留意好的书籍和网站，对好的设计进行借鉴和运用。

第一节　居住空间的室内设计

居住空间和人们的生活联系紧密，是人们的基本生活要素之一。随着社会经济的发展，居住空间由最原始的天然岩洞逐渐演变到现在种类繁多的住宅样式。无论生活空间的形式怎样变化和发展，它的基本内涵不变，即人类的住所。居住空间是一种以家庭为对象、以居住活动为中心的建筑环境。从狭义上来说，它是家庭生活方式的体现；从广义上来说，它是社会文明的表现。

一、居住设计的空间分类

居住空间由基本空间（如玄关、储藏室和外卫等）、公共空间（包括客厅、休闲区和棋牌室等）、私密空间（卧室、书房和内卫）以及家务空间（包括厨房和洗衣房等）四大空间构成。由于人们使用空间的复杂性，所以不能将这些空间死板地进行定义，而且某些空间是可以进行多功能使用的，如书房与储藏室、休闲区与棋牌室、洗衣房与外卫等。合理的空间布局是室内设计的基础。

二、居住空间的功能分区及空间设计要点

（一）门厅和玄关设计

门厅就是居室入口的一个区域，是中国传统空间中非常关注的部分。门厅的功能比较简单，包括进出、迎客和换鞋等，是一个外部空间与内部空间置换的过程，但也是最能体现设计师“以人为本”设计理念的地方，是需要特别考虑使用因素和心理因素的地方。

玄关设计依据房型而定，可以是圆弧形，也可以是直角形，甚至还可以设计成玄关走廊。玄关的作用具有隔断性、装饰性和收纳性三种。如图 11-1 所示，玄关既起到了阻隔视线的作用，同时又满足了收纳功能。如图 11-2 所示，依据房型而定的圆弧形玄关具有较强的趣味性。

图 11-1　玄关的隔断性及收纳性

图 11-2　圆弧形玄关设计

（二）客厅（起居室）设计

客厅是家庭团聚、闲谈、休息、娱乐、视听、阅读及会客的地方，根据家庭的面积标准，有时兼用餐、工作和学习的功能，甚至可设置具有坐、卧功能的家具。客厅是居住建筑中活动最集中、使用频率最高的核心室内空间。

客厅是家居设计与装修的重点，是家庭社交的场所，也是最能表达主人审美品位和艺术修养及体现家庭气氛的地方。无论是典雅大方、高贵大气，还是质朴自然，各种风格都可以在这里得以展示。空间整体要协调，通常布置有沙发、茶几、家庭影院、钢琴和工艺展示柜等。如果有足够大的活动空间，需要注意空间划分的连贯性、合理性以及弹性空间的分割。如图 11-3 和图 11-4 所示，起居室的设计呈现现代简约大气同时兼具家庭团聚、休息及视听为一体的综合设计。

图 11-3　现代风格的客厅设计 1

图 11-4　现代风格的客厅设计 2

（三）餐厅设计

餐厅的主要功能是家人用餐、宴请亲友，同时也是家人团聚、交流和商谈的地方。餐厅的位置应靠近厨房，餐厅可以是单独的房间，也可从客厅中以轻质隔断或利用家具分隔成相对独立的用餐空间。家庭餐厅宜营造亲切、淡雅的家庭用餐氛围，如图 11-5 所示。餐厅中除设置就餐桌椅外，还可设置橱柜。色彩上应该采用暖色调，如橙色和黄色等可以增加食欲的颜色，如图 11-6 所示，不宜采用绿、蓝、紫色。

图 11-5　温馨的家庭餐厅设计

图 11-6　简约的现代餐饮设计

（四）厨房设计

厨房在住宅的家庭生活中具有非常突出的重要作用，如一日三餐的洗切、烹饪以及用餐后的洗涤与整理餐具等工作都需要在厨房中进行。按照烹调的操作顺序，厨房可划分为四大区域，分别为储藏区域、蒸煮区域、调制区域和洗洁区域，如图 11-7 所示。厨房设备与家具的布局应按照烹调的操作顺序进行合理的布置以方便操作，避免过多地走动。平面的布置除考虑人体和家具的尺寸外，还应考虑家具的活动。另外，厨房设计要全面考虑通风良好、方便清洁、作业便利和能源安全等问题。如图 11-8 所示，美式居室厨房设计锅具的合理放置使操作更为方便。

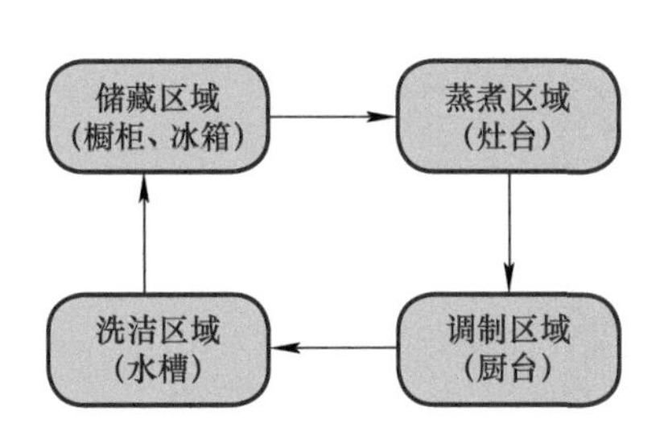

图 11-7　厨房内的四大区域划分

图 11-8　美式居室厨房设计

（五）书房设计

书房的主要功能包括阅读、书写、工作和密谈等。书房设计时，位置应选择较安静的房间，根据使用对象有针对性的设计，如图 11-9 和图 11-10 所示。

图 11-9　具有中式特色书房设计 1

图 11-10　具有中式特色书房设计 2

（六）卧室设计

卧室的功能布局应包括睡眠、休闲、梳妆、盥洗、储藏和阅读等部分。平面布局以床为中心，睡眠区的位置要相对比较安静。卧室有主卧、次卧（子女房）、老人房和客房等多种，每种卧室都有不同的要求，要根据使用者的特点和要求进行设计。

1. 主卧室设计

主卧室布置设计的原则是如何最大限度地提高舒适性以及提高私密性，所以主卧的布置和材质上要突出的特点是清爽、隔声和柔软。图 11-11 所示为新古典主义卧室设计，在床具的选择上采用了欧式实木床，使得空间更为舒适。图 11-12 所示为新中式风格卧室设计，在床头背景墙上采用舒适的软包设计，提高主卧的品质。

图 11-11　新古典主义卧室设计

图 11-12　新中式风格卧室设计

2. 儿童房设计

儿童房的设计应视孩子的年龄和性别而定，学龄前和学龄后的孩子对功能的要求也不尽相同，因此要根据男孩及女孩的喜好和生活习惯的差异，细心把握，量身定造，对卧室的气氛应予以不同的营造。图 11-13 所示为学龄前儿童房设计，具有女孩房间的特征。图 11-14 所示为学龄后儿童房设计，在房间中增加了学习区域化设计。

图 11-13　学龄前儿童房设计

图 11-14　学龄后儿童房设计设有学习区域

3. 老人房设计

老年人对睡眠要求最多，而对房间的装饰时尚程度追求较少。他们喜欢白的墙壁，自己用过多年而品质尚好的旧家具，房间窗帘和卧具多采用中性的暖灰色调，所用材料更追求质地品质与舒适感，使他们可通过休息过滤掉多年的生活压力。地面选择防滑材料，灯光布置要合理。如图 11-15 所示，老人房设计中采用传统中式设计元素，墙面处理为纯净的白色，显得格调高雅。

图 11-15　中式元素老人房设计中的运用

（七）卫生间设计

卫生间具有满足洗漱、沐浴和如厕等生理需求的功能，还要有缓解疲惫的功能。卫生间在设计时应考虑以下几个要点。

1）卫生间设计应综合考虑清洗、浴室、厕所三种功能的使用，如图 11-16 所示。

2）卫生间装饰设计不应影响其采光和通风效果，电线电器设备的选用和设置应符合电器安全规定。

3）地面采用防水、防滑及耐脏的地砖和花岗石等材料，如图 11-17 所示。

图 11-16　卫生间的三大基本功能

图 11-17　卫生间地砖的运用

（八）储藏空间设计

储藏空间包括储藏室、壁橱和兼具储藏功能的家具。将多种多样的生活用品巧妙存放，可以很大程度地提高舒适度和使用效率（图 11-18 和图 11-19）。

图 11-18　独立储藏室设计 1

图 11-19　独立储藏室设计 2

三、居住空间设计的基本原则

（一）功能布局

人的生活是丰富而复杂的，创造理想的生活环境，首先应该树立以人为本的思想，从环境与人的行为关系研究这一最根本的课题入手，全方位地深入了解和分析人的居住和行为需要，住宅的功能正是基于人的行为活动特征而开展的。

住宅室内环境，在建筑设计时只提供了最基本的空间条件，如面积大小、平面关系、设备管井和厨房浴厕的位置，这并不能制约室内空间的整体再创造，更深更广的功能空间内涵还需要设计师去分析探讨。住宅室内环境所涉及的功能构想有基本功能与平面布局两方面的内容。

1. 基本功能

其内容包括睡眠、休息、饮食、洗浴、家庭团聚、会客、视听、娱乐、学习及工作等，如图 11-20 所示。

这些功能因素又形成环境的静与闹、群体与私密、外向与内敛等不同特点的分区。

2. 平面布局

其内容包括各功能区域之间的关系，各客房之间的组合关系，各平面功能所需家具及设施、交通流线、面积分配，平面与立面（各界面）用材的关系，风格与造型特征的定位，色彩与照明的运用等。图 11-21 所示为居室空间平面布置图，从图中可以清晰地分辨区域功能的划分，使专业和非专业人士都能对居室的整体布局一目了然。

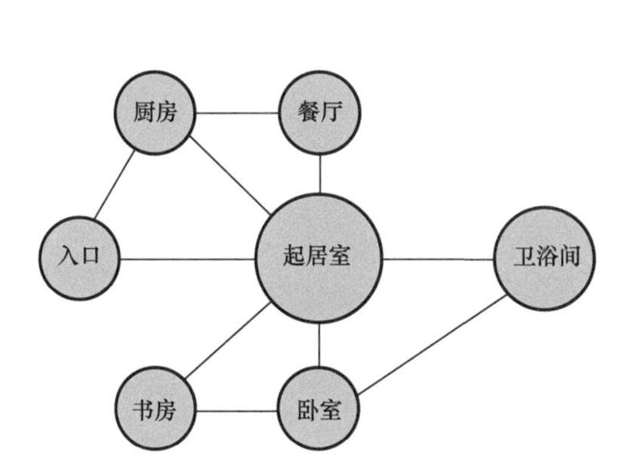

图 11-20　居室空间的基本功能分区

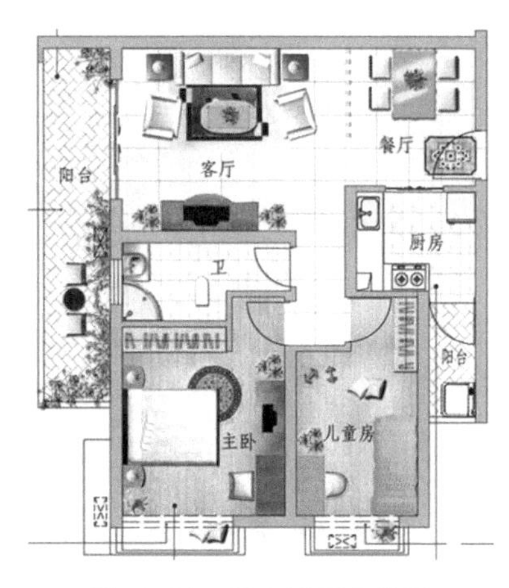

图 11-21　居室平面布置图

住宅室内空间的合理利用，在于充分发挥居室的使用功能，使室内不同功能区域合理分割、巧妙布局、疏密有致。例如：卧室和书房要求安静，可设置在靠里面一些的位置以不被其他室内活动干扰；起居室和客厅是对外接待及交流的场所，可设置靠近入口的位置；卧室、书房与起居室、客厅相连处又可设置过渡空间或共享空间，起间隔调节作用。此外，厨房应紧靠餐厅，卧室要与卫生间贴近等。

（二）空间计划

住宅空间一般分为单层、别墅（双层或三层）、公寓（双层或错层）等空间结构，如图 11-22 所示。室内环境设计是根据不同的功能需求，采用众多手法进行空间的再创造，使居室内部环境具有科学性、实用性和审美性，在视觉效果、比例尺度、层次美感、虚实关系及个性特征等方面达到完美的结合，体现出“家”的主题情态，使人们在生理及心理上获得团聚、舒适、温馨、和睦的感觉。

住宅空间设计是直接建立室内生活价值的基础工作，它主要包括区域划分和交通流线两个内容。区域划分是指室内空间的组成，它以家庭活动需要为划分依据，如群体生活区域、私密生活区域和家务活动区域。其中群体生活区域具有开敞、弹性动态以及与户外连接伸展的特性；私密生活区域具有宁静、安全、领域和稳定的特征；家务活动区域具有安全、私密、流畅和稳定的特征。显然，区域划分是将家庭活动需要与功能使用特征有机结合，以求取合理的空间划分与组织。

交通流线沟通室内各活动区域和室外环境，使家庭活动得以自由流畅地进行。交通流线包括有形和无形两种。有形的指门厅、走廊、楼梯和户外的道路等；无形的指其他可能用作交通联系的空间。计划时应尽量减少有形的交通区域，增加无形的交通区域，以达到充分利用空间和缩短距离的效果。区域划分与交通流线是居室空间整体组合的要素，只有两者相互协调作用，才能取得理想的计划效果。如图 11-23 所示，门厅设计处的吊顶与地面铺装相呼应，既达到了区域划分，同时也满足了交通流线。

图 11-22　别墅空间设计

图 11-23　区域划分与交通流线结合

室内空间泛指高度与长度、高度与宽度所共同构成的垂直空间，是多方位、多层次，有时还是相互交错融合的实与虚的立体。立体空间塑造有两个方面的内容：一是储藏与展示空间的规划（序列关系）；二是通风、调温和采光设施的处理。可以采用隔、围、架、透、立、封、上升、下降、凹进、凸出等手法以及可活动的家具、陈设等，辅之色、材质、光照等虚拟手法进行综合组织与处理，以达到空间的高效利用，增进室内的自然与人为生活要素的功效。如图 11-24 所示，别墅采用通透的楼梯扶手设计，使整个空间显得更加大气灵动。如图 11-25 所示，小户型设计采用镜面玻璃折叠门，让睡眠区域与活动区域可开关自如，使室内空间灵活多变。

图 11-24　采用通透的空间设计

图 11-25　灵活多变的空间划分

（三）色、光、材、景及家具

住宅室内的色调、光照、材质、景观及家具，是空间利用和设计所不可忽略的重要组成要素，设计时应高度重视、细致考虑。色彩是人们在室内环境中最为敏感的视觉感受。大千世界无处不呈现着色彩，人生活在色彩的环境中，色彩作用于人，影响着人的精神和心理。人们往往自觉或不自觉地适应着个人与环境之间的色调关系。例如：春天和初夏，人们总是喜欢淡雅一些的服饰；盛夏和初秋，人们又往往穿得艳丽一些；而深秋和冬季，衣着的色调又往往趋于沉稳一些等。由于人生活中三分之二的时间在室内，因此，室内色调对人的精神有很大影响，室内色调的确立至关重要。如图 11-26 所示，小客厅墙面采用米色与灰蓝色家具相结合，打造出温馨舒适的居家氛围。如图 11-27 所示，起居室采用白色与蓝色墙面对比，具有较强的视觉冲击力，又不失清新自然。

图 11-26　米色与灰蓝色温馨协调

图 11-27　白色与蓝色强对比

空间的色调与光照不可分割，空间中的色调需要光照来诠释与充实。居室的朝向不同，室内色调应有所选择。一般门窗向南者常常有充足的阳光，色调易成为暖色，墙面和顶棚宜用偏冷的色调；北向的房间则相反，可以偏暖一些。室内陈设品的色调，也是室内色调的重要组成部分，如家具、窗帘、壁饰和灯具等，应该与居室主流色调相呼应。室内的各界面和陈设品色彩组织时，还应考虑它们的材质感，因为色调往往由材质的特性所决定，它们密切相连。例如不同树种的木质有着不同的色相、明暗和纹理，不同的玻璃、金属会带给人不同的色光和纹理，这就构成不同材质的特有属性。如图 11-28 所示，房间内有充足的阳光墙面采用偏冷的白色。如图 11-29 所示，房间采光不足，墙面色彩选择温暖的黄色墙纸。

图 11-28　阳光充足房间采用白色墙面处理

图 11-29　采光不足房间采用暖色调墙面处理

色调还影响着人的心理变化，温柔的色调给人以舒适和亲切之感，过冷的色调易使人忧郁和沉闷，热烈的色调又会使人兴奋和烦躁。因此住宅室内的色调应以浅淡基调为宜，以创造宁静、和谐的空间感觉。例如，国外流行的设计趋向，以白色和其他浅色作为色彩基调，呈现一种单纯和质朴的美感，让室内外形成鲜明对比，使人进入室内有一种豁然开朗，产生“别有洞天”的心理舒适感。此外，居室面积的宽窄与色调设计也有密切关系，如小面积居室的空间可选择明快的浅色调等。

居室环境也是人与景物对话的场所，设计时要善于借景，我国的居室和庭园布置历来十分讲究借景及造景的手法。人们安坐斗室，透过门窗，心境可与外界或其他空间景物相通，产生引人想象的魅力，也使室内更显开阔和通透，层次感加强。在住宅室内空间的环境中，选用合适的与环境风格协调的家具，常起到举足轻重的作用。家具的造型款式、色彩和选材应反映设计师的总体设计思想和设计追求。

（四）整体统一

整体可以解释为一种“有机的统一”。室内环境的整体设计是将同一空间的许多细部，以一个共同的有机因素统一起来，使它变成一个完整而和谐的视觉系统。设计构思立意时，就需根据业主的职业特点、文化层次、个人爱好、家庭人员构成和经济条件等内容做综合的设计定位，形成造型的明晰条理、色彩的统一、光照的韵律层次、材质的和谐组织、空间的虚实比例以及家具的风格式样统一，以求取得赏心悦目的效果。

思考与习题

1. 居住空间室内设计的原则有哪些？
2. 儿童房设计需要考虑哪些因素？
3. 居住空间中的厨房有哪几大功能分区？
4. 根据所提供的一套建筑户型图完成室内空间的布局。

第二节　办公空间的室内设计

一、办公空间的定义

办公空间是现代人生活的中心，其设计需要考虑多方面的问题，涉及科学、技术、人文和艺术等诸多因素。办公空间的设计直接影响员工的工作效率和心理健康，其最大目标就是要为工作人员创造一个舒适、方便、卫生、安全及高效的工作环境，以便更大限度地提高员工的工作效率，因此，营造高效的办公空间符合企业的核心利益。

二、办公空间的功能

办公空间设计是对布局、格局及空间的物理和心理分割，包含物质功能和精神功能，如图 11-30 所示。从物质功能来说，办公空间的首要任务是使办公达到最佳状态，体现最高的效率，方便各相关职能部门之间的协调，方便各种设备和配套设施的安装与使用保养。然而近年来，人们对办公空间设计的需求发生了转变，开始通过艺术创造和装修手段来体现一种精神功能，通过办公空间设计让办公室成为一种集功能、实用和艺术的完美结合体，使办公室设计在具有审美价值的同时也满足了人们的精神需要。

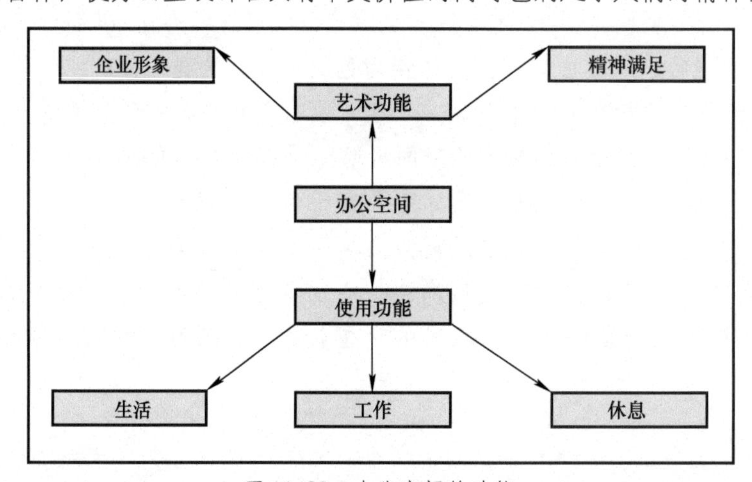

图 11-30　办公空间的功能

三、办公空间的构成

办公空间通常由主要办公空间、公共接待空间、配套服务空间和附属设施空间构成。

（一）主要办公空间

主要办公空间是办公空间设计的核心内容。通常的办公空间可以按大、中、小进行如下划分：

1）小型办公空间，指面积小于 $40m^2$ 的办公空间，适合于私密性和独立性较强的管理型办公需要，也可作小型会议室和接待室。

2）中型办公空间，指面积在 40～$150m^2$ 的办公空间，适合于组团式办公方式，对外有较强独立性，内部联系较为紧密，也可作中型会议、小型接待和小型展示空间。

3）大型办公空间，指面积大于 $150m^2$ 的办公空间，内部空间既分又合，内部交通较含混，强调空间内的联系性同时保持每一个组团一定程度上的独立性，便于统一管理，也可作大型会议和展览用。

（二）公共接待空间

公共接待空间主要指办公楼内进行聚会、展示、接待和会议等活动的空间。它一般包括小、中、大接待室（图 11-31），小、中、大会客室，大、中、小会议室，各类大小不同的展示厅、资料阅览室、多功能厅和报告厅等。图 11-32 为会议室，冷色调与简单明朗的布置形式使气氛显得严肃而稳重。

图 11-31　某公司接待处设计

图 11-32　某公司会议室设计

（三）交通联系空间

交通联系空间主要指用于楼内交通联系的空间，一般有水平交通联系空间及垂直交通联系空间两种。

1）水平交通联系空间主要指门厅、大堂、走廊和电梯厅等空间，如图 11-33 所示。

2）垂直交通联系空间主要指电梯、楼梯和自动梯等，如图 11-34 所示。

图 11-33　交通联系空间 1

图 11-34　交通联系空间 2

（四）配套服务空间

配套服务空间指为主要办公空间提供信息、资料的收集、整理存放的空间，以及为员工提供生活、卫生服务和后勤管理的空间，通常包括资料室、档案室、文印室、计算机机房、晒图房、员工餐厅（图 11-35）、休息室、娱乐室（图 11-36）、开水房、卫生间、后勤和管理办公室等。

图 11-35　员工餐厅

图 11-36　员工娱乐室

（五）附属设施空间

附属设施空间主要指保证办公大楼正常运行的附属空间，通常包括变配电室、中央控制室、水泵房、空调机房、电梯机房、电话交换房和锅炉房等。

四、办公空间的布置类型

办公室内布局形式随着办公工作方式和管理方式的演变而相应地发生变化。室内布局形式主要有分格式、开敞式、景观式和公寓式四种。

（一）分格式办公室

其典型形式是将一系列近似的中小空间进行排列，用一条公共走道把这些空间串联。这种布局形式空间封闭性强，房间面积不会太大，考虑到自然采光的要求，房间的进深一般不超过 6m。这种布局所形成的较小空间适合于单人或数人使用，把这种较小空间再稍加扩大，或加大房间进深，则适合于多一些人员共同使用。

（二）开敞式办公室

其布局特点是大空间、无分隔，工作位置是根据工作程序，按几何学规律整齐排列的，如图 11-37 所示。在这里，“开敞”是针对“分格”而言的。这种布局形式便于管理，可以加强员工联系，节省交通面积和工作联系的时间，有利于提高工作效率，如图 11-38 所示。

图 11-37　开敞式办公室设计

图 11-38　开敞式绿色办公室设计

（三）景观式办公室

景观式的布局形式最早在20世纪50年代由德国人提出，后来逐渐传遍欧美国家，如今已为世界各地广泛接受。景观式办公室装修的出现使得传统的封闭型办公空间走向开敞，逐渐把交流作为办公空间的主要设计主题。这种布局强调的是信息效率，除了考虑工作人员之间的接触交流和信息传递外，还特别注重发挥个人的积极性，要考虑到工作人员的心理需要和尊重人的行为特性。其特点是办公空间既分又合，指既强调空间使用和视觉上的联系与整体性，又强调每一个独立办公空间一定程度上的私密性和小景观的创造。空间由不到顶的不透明或半透明的半隔断分隔，形成半开敞半封闭的空间效果。

法国建筑事务所Christian Pottgiesser Architecturespossibles为巴黎的两家公司Pons和Huot设计的办公空间如图11-39和图11-40所示。这个设计的最大特点是在建筑中央创造了一个巨大的木质水平台面，它既是顶棚板也是桌面，设计师用一种全新的方式来诠释传统办公场所，以完全不同的景观类型来塑造企业环境并将树木分散种植于整个空间中，让办公室看起来更像一个茂盛的花房而不是一个单调的公司机构。

图11-39　景观式办公空间

图11-40　景观式办公室

（四）公寓式办公室

公寓式办公是办公与居住一体化的设计，在平面单元内复合了办公功能与居住功能，主要满足小型公司与家庭办公的特点及需求。其主要特点是将办公、接待及生活服务设施集中安排在一个独立的单元中，如图11-41所示。除大小办公、接待会议（起居室）、茶水间（厨房）（图11-42）、卫生间、储存室外还配备有（若干）卧室。其内部空间组合时注意又分又合，强调公共性与私密性关系的良好处理。此类办公室一般位于集中的商住楼。

图11-41　公寓式办公室设计

图11-42　公寓式办公室厨房设计

当然，以上所说的四种基本布局形式在现代办公空间设计中已经相互吸收优点，为满足不同的使用要求，将四种布局形式相互穿插结合，使空间的分隔和流通、封闭和开敞的程度不再那么绝对。

思考与习题

1. 办公空间应由哪几部分空间组成？
2. 常见的办公空间布置形式有哪些？各有什么特点？

第三节　餐饮空间的室内设计

一、餐饮空间的定义

俗话说："民以食为天"。饮食在人们的日常生活中占据着不可取代的重要位置，随着餐饮业的兴起，餐饮空间设计也应运而生。餐饮空间的概念不同于建筑和一般的公共空间，在餐饮空间中人们需要的不仅仅是美味的食品，更需要的是一种使身心彻底放松的气氛。餐饮空间设计强调的是一种文化。餐饮空间设计既包括了餐厅的位置、餐厅的店面外观及内部空间、色彩与照明、内部陈设及装饰布置，也包括了整个影响顾客用餐效果的整体环境和气氛。

二、餐饮空间的空间组成

（一）门厅和顾客出入口

门厅是独立式餐厅的交通枢纽，是顾客从室外进入餐厅的过渡空间，也是留给顾客第一印象的场所，如图 11-43 所示。因此，门厅的装饰一般较为华丽，视觉主立面设店名和店标。根据门厅的大小还可设置迎宾台、顾客休息区和餐厅特色简介等。

（二）接待区和候餐区

休息厅是从公共交通部分通向餐厅的过渡空间，主要是迎接顾客到来以及供客人等候、休息的区域，如图 11-44 所示。休息厅和餐厅可以用门或玻璃隔断、绿化池或屏风来加以分隔和限定。

图 11-43　门厅和顾客出入口

图 11-44　接待区和候餐功能区

（三）用餐区

用餐区是餐饮空间的重点功能区，是餐饮空间的经营主体区，包括餐厅室内空间的尺度、功能的分布规划、来往人流的交叉安排、家具的布置使用和环境气氛的舒适等，是设计的重点，如图 11-45 和图 11-46 所示。用餐区分为散客和团体用餐席，单席为散客，二席以上为团体客，有 2 ～ 4 人 / 桌、4 ～ 6 人 / 桌、6 ～ 10 人 / 桌、12 ～ 15 人 / 桌。餐桌与餐桌之间、餐桌与餐椅之间要有合理的活动空间。餐厅的面积可根据餐厅的规模与级别来综合确定，一般按 1.0 ～ 1.5m²/ 座计算。餐厅面积的指标要合理，指标过小，会造成拥挤；指标过大，会造成面积浪费、利用率不高，并且增大工作人员的劳动强度等。

图 11-45　曼谷 Zense 时尚餐厅用餐区设计

图 11-46　复古格调的用餐区设计

（四）配套服务区

配套服务区一般是指餐厅营业服务性的配套设施，如卫生间、衣帽间、视听室（图 11-47）、书房和娱乐室等非营业性的辅助功能配套设施。餐厅的级别越高，其配套功能越齐全。有些餐厅还配有康体设施和休闲娱乐设施，如表演舞台、影视厅、游泳池、桌球和棋牌室等。

（五）服务区

服务区也是餐饮空间的主要功能区，主要为顾客提供用餐服务和经营管理服务。

（1）备餐间或备餐台　存放备用的酒水、饮料、台布和餐具等，如图 11-48 所示，一般设有工作台、餐具柜、冰箱、消毒碗柜、毛巾柜和热水器等。在大厅的席间增设一些小型的备餐台或活动酒水餐车，供备餐上菜和酒水、餐具存放之用。

（2）收银台　通常设在顾客离席的必经之处，也有单独设置在相对隐蔽的地方，收银台一般用作结账、收款，设有计算机、账单、收银机、电话及对讲系统等，高度 1000 ～ 1100mm 为佳。

（3）营业台　接待顾客、安排菜式，协调各功能区关系等，设有订座电话、计算机订餐、订餐记录簿，营业台高度一般在 750 ～ 800mm，宽度为 700 ～ 800mm，配有顾客座椅和管理人员座椅等。

（4）酒吧间　供应顾客饮料、茶水、水果、烟、酒等，一般有操作台、冰柜、陈列柜、酒架和杯架等。服务功能区一般设在大厅显眼位置并靠近服务对象。

（5）制作区　制作区的主要设备有消毒柜、菜板台、冰柜、点心机、抽油烟机、库房货架、开水器、炉具、餐车和餐具等。厨房的面积与营业面积比为 3:7 左右为佳。一般的制作流程是：采购进货→仓库存储→粗加工→精加工→烹煮加工→明档加工→上盘包装→备餐间→用餐桌面。厨房的各加工间应有较好的通风和排气设备。若为单层，可采用气窗式自然排风；若厨房位于多层或高层建筑内部，应尽可能地采用机械排风。厨房各加工间的地面均采用耐磨、不渗水、耐腐蚀、防滑和易清洁的材料，并应处理好地面排水问题，同时墙面、工作台、水池等设施的表面均应采用无毒、光滑和易清洁的材料。

图 11-47　配套视听室设计

图 11-48　备餐台

三、餐饮空间的分类

餐饮空间按照不同的分类标准可以分成若干类型。首先，餐代表餐厅与餐馆，而饮则包含西式的酒吧与咖啡厅，以及中式的茶室、茶楼等。其次，餐饮空间的分类标准包括经营内容及其规模大小等。

（一）按照空间规模分类

（1）小型　100m² 以内的餐饮空间，如图 11-49 所示，这类空间比较简单，主要着重于室内气氛的营造。

（2）中型　100～500m² 的餐饮空间，如图 11-50 所示，这类空间功能比较复杂，除了加强环境气氛的营造之外，还要进行功能分区、流线组织以及一定程度的围合处理。

（3）大型　500m² 以上的餐饮空间，如图 11-51 所示，这类空间应特别注重功能分区和流线组织。

图 11-49　小型日式餐厅设计

图 11-50　中型概念餐厅设计

图 11-51 大型宴会厅设计

（二）按照空间布置类型分类

(1) 独立式单层空间 一般为小型餐馆、茶室等采用的类型。

(2) 独立式多层空间 一般为中型餐馆采用的类型，也是大型食府或美食城所采用的空间形式。

(3) 附建于多层或高层建筑 大多数的办公餐厅或食堂常属于这种类型。

(4) 附属于高层建筑的裙房 部分宾馆和综合楼的餐饮部或餐厅、宴会厅等大中型餐饮空间。

四、餐饮空间的设计风格

（一）中式餐厅设计

1. 风格和特征

在我国传统的餐饮模式中，中式餐厅是宾馆和饭店的主要餐饮场所，使用频率较高。中式餐厅以品尝中国菜肴、领略中华文化和民俗为目的，故在环境整体风格上应体现中华文化的精髓。中式餐厅的装饰风格、室内特色以及家具与餐具、灯饰与工艺品，甚至服务人员的服装等都应围绕文化与民俗展开设计创意与构思。

2. 平面布局与空间特色

中式餐厅的平面布局可以分为两种类型，以宫廷、皇家建筑空间为代表的对称式和以中国江南园林为代表的自由与规格相结合的布局。宫廷式布局采用严谨的左右对称方式，在轴线的一端常设主宾席和礼仪台，如图 11-52 所示。该布局方式显得隆重热烈，适合于举行各种盛大喜庆宴席，布局空间开敞，场面宏大，与这种布局方式相关联的装饰风格与细部采用或简或繁的宫廷作法。园林式布局采用园林的自由组合的特点，将室内的某一部分结合休息区处理成小桥流水，而其余各部分结合园林的漏窗与隔扇，将靠窗或靠墙的部分进行较为通透的二次分隔，划分出主要就餐区与若干次要就餐区。这种园林式空间给人以室内空间室外化的感觉，犹如置身于花园之中，使人心情舒畅、增进食欲，与这类布局方式相关联的装饰风格与细部常采用园林的符号与做法，如图 11-53 所示。

图 11-52　中式风格餐厅设计 1

图 11-53　中式风格餐厅设计 2

3. 家具与风格

中式餐厅的家具一般选取中国传统的家具形式，尤以明代家具的形式居多，因为这一时期的家具更加符合现代人体工学的需要。除了直接运用传统家具的形式以外，也可以将传统家具进行简化和提炼，保留其神韵，这种经过简化和改良的现代中式家具，在大空间的中式餐厅中得到了广泛应用，而正宗的明清式样家具则更多地应用于小型雅间当中。

4. 照明与灯具

中式餐厅的照明设计应在保证环境照明的同时，强调不同就餐区域，进行局部重点照明，进行重点照明的方法有两种。

1）采用与环境照明相同的灯具（常常为点光源）进行组合，形成局部密集，从而产生重点照明。这种方法常常应用于空间层高偏低以及较为现代的中式餐厅。

2）采用中式宫灯进行重点照明（图 11-54），这种方法常结合顶棚造型，将灯具组合到造型中，适合于较高的空间以及较为地道的中式餐厅。这种传统中式宫灯应根据空间的高低来确定选用竖向还是横向的灯具。

5. 装饰品与装饰图案

（1）传统吉祥图案的运用　传统吉祥图案拙中藏巧，朴中显美，以特有的装饰风格和民族语言，几千年来在民间装饰美术中流行，给人们带来精神上的愉悦。吉祥图案包括龙、凤、麒麟、鹤、鱼、鸳鸯等动物图案和松、竹、梅、兰、菊、荷等植物图案，以及它们之间的变形组合图案等。

（2）中国字画的运用　中国字画具有很高的文化品位，同时又是中式餐厅中很好的装饰品。中国字画有三种长宽比例，横幅、条幅和斗方，在餐厅装饰中到底确定何种比例和尺寸，要视墙面的大小和空间高度而定，如图 11-55 所示。

图 11-54　中式餐厅照明与灯具的运用

图 11-55　中式餐厅中字画的运用

（3）古玩和工艺品的点缀　古玩和工艺品也是中式餐厅中常见的点缀品，其种类繁多、尺寸差异很大。大到中式的漆器屏风，小到茶壶，除此之外，还有许多玉雕、石雕和木雕等，也有许多中式餐馆常见的福、禄、寿等瓷器。对于较小的古玩和工艺品常常采用壁龛的处理方法，配以顶灯或底灯，会达到意想不到的视觉效果，如图 11-56 所示。

图 11-56　中式餐厅中古玩和工艺品的运用

（4）生活用品和生产用具　生活用品和生产用具也常常用于中式餐厅的装饰，特别是那些具有浓郁生活气息和散发着泥土芬芳的用品和用具常常可以引起人们的深思。这种装饰手法在一些旅游饭店的中式餐厅中运用颇多，它可以使游客强烈地感受到当地的民风民俗。

（二）西式餐厅设计

1. 风格和特征

西式餐厅泛指以品尝国外的饮食，体会异国餐饮情调为目的的餐厅（主要以欧洲和北美为主）。西式餐厅与中式餐厅最大的区别就是餐饮方式。欧美的餐饮方式强调就餐时的私密性，一般团体就餐的习惯很少，因此，就餐单元常以 2～6 人为主，餐桌为矩形，餐桌上常以美丽的鲜花和精致的烛具对台面进行点缀。另外，淡雅的色彩、柔和的光线、洁白的桌布、华贵的线脚、精致的餐具加上安宁的氛围、高雅的举止等共同构成了西式餐厅的特色，如图 11-57 和图 11-58 所示。

图 11-57　西式餐厅设计 1

图 11-58　西式餐厅设计 2

2. 平面布局与空间特色

西式餐厅的平面布局常采用较为规整的方式。酒吧柜台是西式餐厅的主要景点之一，也是每个西餐厅必备的设施，更是西方人生活方式的体现。除此之外，一台造型优美的三脚钢琴也是西式餐厅平面布置中需要考虑的因素。在较小的西餐厅中，钢琴经常被置于角落，这样可以不占据太多的有效面积；而在较大的西餐厅中，钢琴则可以成为整个餐厅的视觉中心，为了加强这种中心感，经常采用抬高地面的方式，有的甚至在顶部加上限定空间的构架。由于西式餐厅一般层高比较高，因而也经常采用大型绿化作为空间的装饰与点缀。由于冷餐是西餐中的主要组成部分，因此，冷餐台也成了西式餐厅中重要考虑的因素，原则上设于较为集中的地方，便于餐厅的各个部分取食方便。当然也有不设冷餐台的西式餐厅，主要靠服务人员送餐。西式餐厅在就餐时特别强调就餐单元的私密性，这一点在平面布局时应得到充分体现。创造私密性的方法一般有以下几种。

1）抬高地面和降低顶棚，这种方式创造的私密程度较弱，但可以比较容易感受到所限定的区域范围。

2）利用沙发座的靠背形成比较明显的就餐单元，这种U形布置的沙发座，常与靠背座椅相结合，是西餐厅特有的座位布置方式之一。

3）利用刻花玻璃和绿化形成隔断，如图11-59所示，这种方式所围合的私密性程度要视玻璃的磨砂程度和高度来决定。一般这种玻璃都不是很高，距离地面1200～1500mm。

4）如图11-60所示，利用光线的明暗程度来创造就餐环境的私密性。有时，为了营造某种特殊的氛围，餐桌上点缀的烛光可以创造出强烈的向心感，从而产生私密性。

图11-59　利用绿化形成隔断创造私密性

图11-60　利用光线明暗创造私密性

3．风格造型与装饰细部

西餐厅的风格造型源于欧洲的文化和生活方式，但最直接的是来源于欧式古典建筑。虽然欧式古典建筑在不同时期和不同地区的风格造型各不相同，但西式餐厅并不需要完全复制一个古典建筑的室内。因此我们在设计中可以将所有的欧式古典建筑的风格造型以及装饰细部进行筛选，选出有用的部分直接应用于餐厅的装饰设计；也可以将欧式古典建筑的元素及构成进行简化和提炼，应用于餐厅的装饰。西式餐厅在设计中经常使用以下方式装饰细部。

（1）线角　欧式线角在餐厅设计中经常使用，主要用于顶棚与墙面的转角（阴角线）、墙面与地面的转角（踢脚线）以及顶棚、墙面、柱、柜的装饰线等。装饰线的大小应根据空间的大小及高低来确定，一般来说空间越高，相应的装饰线角也较大。

（2）柱式　柱式是西式餐厅中的重要装饰手段，如图11-61所示。无论是独立柱、壁柱，还是为了某种效果而加出来的假柱，一般都采用希腊或罗马柱式进行处理。以往这些柱式全部采取现制的方法，给施工带来一定的难度，而现在各种柱式的柱头、柱身、柱础均可以到一些装饰商店选购，具有很大的灵活性。柱式有圆柱和方柱之分，还有单柱与双柱之别。

（3）拱券　拱券是古罗马时期的特产，在西式餐厅中，拱券经常用于墙面、门洞、窗洞以及柱内的连接，如图 11-62 所示。大型的拱券常于上部中央加锁石，而一些较小的拱券和简化的做法则没有。拱券包括尖券、半圆券和平拱券，也可应用于顶棚，结合反射光槽形成受光拱形顶棚。

图 11-61　西餐厅的装饰细部

图 11-62　欧式西餐厅的装饰细部

4．家具的形式与风格

西式餐厅的家具除吧台之外，主要是餐桌椅。由于餐桌经常被白色或粉色桌布覆盖，因此一般不对餐桌的形式与风格做太多要求，满足使用即可。就餐椅以及沙发为主要的视觉要素，餐椅的靠背和坐垫常采用与沙发相同的面料，如皮革和纺织品等。无论餐厅装修的繁简程度如何，西式餐厅的餐椅造型都可以比较简洁，只要具有欧式风味即可，很少大面积采用装饰复杂的法式座椅，这种复杂的古典家具同中式家具一样经常在一些豪华的雅间中使用。

5．照明与灯具

西式餐厅的环境照明要求光线柔和，应避免过强的直射光。就餐单元的照明要求可以与就餐单元的私密性结合起来，使就餐单元的照明略强于环境照明。西式餐厅大量采用一级或多级二次反射光或有磨砂灯罩的漫射光，常用灯具可以分成以下三类。

1）顶棚常用古典造型的水晶灯、铸铁灯，以及现代风格的金属磨砂灯，如图 11-63 所示。

2）墙面采用欧洲传统的铸铁灯和简洁的半球形反射壁灯。

3）结合绿化池和隔断常设庭院灯或上反射灯。

6．装饰品与装饰图案

西式餐厅离不开西洋艺术品和装饰图案的点缀与美化。不同空间大小的西式餐厅对这些艺术品与图案的要求也是不一样的，在一些装饰豪华的较大空间中，无论是平面还是立体的装饰品，尺寸一般都较大，装饰图案也运用较多；而空间不大的西式雅间，装饰品的尺寸都相对较小。用于西式餐厅的装饰品与装饰图案可以分为以下几类。

（1）雕塑　西式餐厅经常需要用一些雕塑来点缀，根据雕塑的造型风格可以分为古典雕塑与现代雕塑。古典雕塑适用于较为传统的装饰风格，而有的西式餐厅装饰风格较为简洁，则宜选用现代感较强的雕塑，这类雕塑常采用夸张、变形和抽象的形式，具有强烈的形式美感。雕塑常结合隔断、壁龛以及庭院绿化等设置。

（2）西洋绘画　西洋绘画包括油画和水彩画等。油画厚重浓烈，具有交响乐般的表现力；而水彩画则轻松、明快，犹如一支浪漫的小夜曲。油画与水彩画都是西式餐厅经常选用的艺术品，油画无论大小常配以西式画框，进一步增强西式餐厅的气氛；而水彩画则较少配雕刻精细的西式画框，更多的是简洁的木框与精细的金属框。

（3）工艺品　工艺品是欧美传统手工艺劳动的结晶，经过现代的工艺美术运用、新艺术运动和装饰艺术运动的发展，已达到了很高的水准。工艺品涵盖的范围很广，包括瓷器、银器、家具、灯具以及众多的纯装饰品。西式餐厅的室内设计常常将这些工艺品融入整个餐厅的装饰以及各种用品当中，如银质烛台和餐具（图 11-64）、瓷质装饰挂盘和餐具等，而装饰浓烈的家具既可用于雅间，也可在一些区域作为陈列展示之用，充分发挥其装饰功能。

（4）生活用具与传统兵器　除了艺术品与工艺品之外，一些具有代表性的生活用具和传统兵器也是西式餐厅经常采用的装饰手段，常用生活用具包括水车、飞镖、啤酒桶、舵与绳索等，这些生活用具都反映了西方民众的生活与文化。

（5）装饰图案　在西式餐厅中也常采用传统装饰图案。西式传统装饰图案在新艺术运动的促进下得到了长足的发展，主张完全走向自然，强调自然中不存在直线，因而在装饰上突出表现曲线和有机形态。其大量采用植物图案，同时也包含一些西方人崇尚的凶猛动物图案，如狮、鹰等，还有一些与西方人生活密切相关的动物图案如牛、羊等，他们甚至将牛、羊的骨头作为装饰品。

图 11-63　西餐厅设计 1

图 11-64　西餐厅设计 2

（三）茶艺馆设计

茶文化是中国传统文化的重要组成部分，近年来茶室、茶楼的数量在我国许多城市迅速增长，人们在这里休闲、娱乐、进行社交活动，茶室已经逐渐成为人们进行交流的重要场所。茶文化在中国具有悠久的历史，茶艺和茶道也同样受到许多现代人的青睐。由于时代的变迁，茶室的装饰风格也变化出多种多样，归纳起来，主要有以下两种。

1．传统地方风格

这种风格的茶室多位于风景旅游区和公园内（图 11-65），由于建筑本身就具有明显的地方特色，因此室内设计大多也具有相同的风格。这类风格的茶室着力体现地方性，因此，多采用地方材质进行装饰，如木、竹、漆以及石材等，以体现地方特色。顶棚可根据建筑本身的屋顶来进行设计，若为坡屋顶，则应保留这一特性进行装饰，照明也采用竹编或木制灯具；若为平屋顶，则可以根据室内高度进行简单处理。墙面应尽可能打破单调感，可采用石材墙面或木质梁柱等来实现，墙面可采用地方工艺品或条轴字画进行装饰。地面以青砖或仿青砖材料铺设为宜，也可采用毛面花岗石。

茶室在空间组合和分隔上应具有中国园林的特色，曲径通幽可以用在对人流的组织上，应尽可能避免一目了然的处理方式，遮遮掩掩、主次分明正是茶室的主要空间特色，如图 11-66 所示。

图 11-65 公园中的传统茶室

图 11-66 传统风格的茶室设计

2. 都市现代风格

这种风格在城市区正逐渐兴起，它主要在空间特色上体现传统文化的精髓，而在装饰材质和细部上注重时代感。如大量采用玻璃、金属材质、抛光石材和亚光合成板，这些材质本身就体现着强烈的时代特征，如图 11-67 和图 11-68 所示。顶棚也采用比较简洁的造型，结合反光灯槽或透光织物进行设计，增强了空间气氛和情调。墙面装饰以带镜框的小型字画为主，加上精美的工艺品，一起构成了这类茶室的主要装饰品。

图 11-67 都市现代风格的茶楼设计 1

图 11-68 都市现代风格的茶楼设计 2

思考与习题

1. 不同餐饮空间设计、装饰和装修的区别与联系有哪些？
2. 餐饮空间设计涉及哪几个方面的内容？
3. 餐饮空间设计包含哪些风格？这些风格有哪些特点？

第四节　娱乐空间的室内设计

一、娱乐空间的概念

娱乐空间是根据建筑物的使用性质、所处环境和相应标准，应用物质技术手段和设计原理，创造功能合理、舒适优美、满足人们物质和精神生活需要的娱乐性空间，同时也反映了历史文脉、建筑风格和环境气氛等因素。娱乐空间是人们工作之余去的场所，是人们聚会、用餐、欣赏表演、松弛身心和交流情感的场所。

二、娱乐空间的主要分类

娱乐空间主要可分为文化娱乐、歌舞娱乐、保健娱乐、餐饮娱乐和俱乐部。文化娱乐主要包括电影院、游乐场、咖啡厅和茶馆等；歌舞娱乐主要包括KTV、酒吧和歌舞厅等；健康娱乐主要包括沐足、温泉浴和保健按摩等；俱乐部主要包括俱乐部、会所、网吧和桌球室等。

（一）文化娱乐

1. 电影院

电影院是为观众放映电影的场所，如图 11-69 所示，要以多厅模式来设计。除了每一个独立的电影厅与相互间的分隔外，还应该有公共空间—— 门厅或休息厅等；其次，画面与声源要固定，座位也要根据排距、座距、每排视线超高值和视点高度等重要参数来设计其舒适性与良好的观赏效果。

2. 游乐场

游乐场是指让儿童和市民自由自在玩耍的地方。游乐场的设计应着重在色彩和造型方面吸引人们，如图 11-70 所示。

图 11-69　电影院

图 11-70　游乐场

3. 茶馆

茶馆是爱茶者的乐园，也是人们休息、消遣和交际的场所。茶楼装修尽量避免一味地追求奢华，应当以简单大方为主，将重点放在环境的塑造上，如图 11-71 所示。

4. 咖啡厅

咖啡厅的空间个性与私密性强、布局灵活，装饰造型的表现性强，因此其设计要有轻捷、愉悦、新颖而极富风格的空间视感。其温馨与浪漫、随意而生情的空间效果也主要体现在多变的布局形式、界面色质与照明设计的柔光浓彩之中，如图 11-72 所示。

图 11-71　茶馆

图 11-72　咖啡厅

（二）歌舞娱乐

1. KTV

KTV 是以唱歌为主的娱乐场所，对唱歌的音响要求较高。消费客源以白领工薪族、家庭、同学聚会和生日 Party 为主，装饰讲究干净实用、灯光明亮，如图 11-73 所示。

2. 歌舞厅

歌舞厅的界面装饰造型由于材质的不同而形成一定的特点。为形成最佳音响效果与减少舞厅音响对外的干扰，舞厅立面多采用吸声软包和壁毯，并在壁板内填充隔声棉。舞厅界面设计的重点相对集中于舞台立面、舞厅灯具及网架造型，如图 11-74 所示。

图 11-73　KTV

图 11-74　舞厅

3. 酒吧

酒吧除了空间设计之外，照明也是设计的一大亮点，如图 11-75 和图 11-76 所示。灯光设计的特点是间接的漫射光与局部聚光照明相配合，给人以“自在”与“幽冥”的环境氛围。酒吧照明主要以彩色暗藏灯带、筒灯和射灯为主。装饰材料多种多样，石材、玻璃、金属管线及酒台器皿在局部光源的“点照”与“侧射”之下，会产生一种光影交错的空间美感。酒吧界面饰材和造型富于变化，整体色调艳丽而浓重。

图 11-75　酒吧照明设计 1

图 11-76　酒吧照明设计 2

（三）保健娱乐

1．沐足

沐足城的设计通常用暖色调，给人温暖舒适的感觉，如图 11-77 所示。

2．保健按摩

保健按摩与沐足的室内设计要点一样，同样是对色彩的要求很讲究，不同的色彩能给按摩院带来不同的感觉。设计感强烈的按摩院往往更能吸引顾客前来消费，图 11-78 所示采用现代简欧的装修风格，色彩上使用暖黄色和淡紫色搭配，再配上室内植物和装饰画，氛围温馨而浪漫。

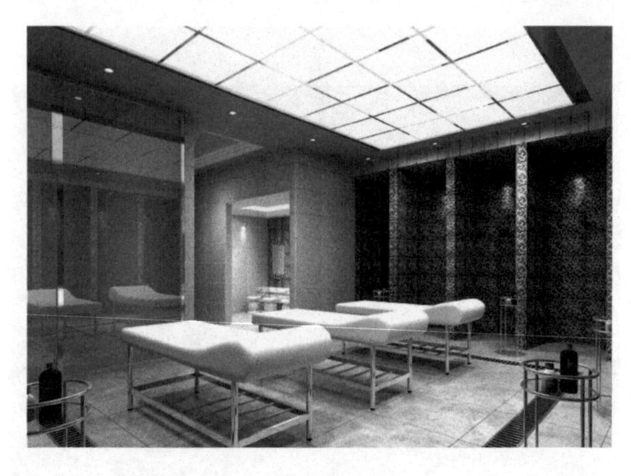
图 11-77　沐足城

图 11-78　按摩院

3．温泉浴

温泉浴各部分的装饰造型，一般集中在接待厅和休闲室，浴室相对简洁，较讲究的浴室空间和墙面等处可用石材或高级瓷砖，局部顶棚可采用吊顶造型，如图 11-79 所示。为表现出宁静与优雅的浴室气氛，桑拿浴各部的造型变化应相对偏小。在材质、色彩与照明上，浴室色质照度淡雅而明亮（图 11-80）；休闲及按摩室色质照度温馨而幽淡，界面色彩中性偏暖，适合一定的对比色差。

图 11-79　天然材质的温泉浴

图 11-80　色调淡雅而明亮的温泉馆

（四）俱乐部

1．网吧

网吧是一个主要提供互联网连接服务的公共场所。网吧的设计应以宽敞舒适为首要原则，在设计时尽量将柱子隐藏在桌子中，避免将柱子设计在通道上；其次在条件允许的情况下尽量将通道设计得宽敞，满足人性化的要求；最后以人员进出自如、互不影响为设计原则，如图 11-81 所示。

2．桌球室

桌球室的装饰设计主要在于吧台、休息区、墙面、地面、墙柱和包房几个方面，其中墙面不适合用太过明亮的颜色粉刷，也不能太昏暗，如图 11-82 所示。要注重合理地搭配整体氛围。当有很多窗户时，窗帘最好用比较暗的暗红色、深黄色或者较浅一点的颜色，地面要保持干净、整洁，用地毯最为合适，一般不用木板或石板地毯颜色跟窗帘相似，宜选用浅灰色、淡粉色和暗红色等。墙柱上可做些辅助灯光，增添室内效果。

图 11-81　网吧设计

图 11-82　桌球室设计

三、娱乐空间的设计原则

（一）娱乐空间的设计步骤

1．设计定位

在进行室内设计之前，将当前设计进行定位很重要。定位明确才能准确表达出设计意图，如梦幻天空、原始风格、异域风情、网络世代、神秘旅程和时光隧道等主题。图 11-83 所示 KTV 的设计定位是打造全新国际 KTV 消费理念，其主题定位为欢乐海洋，其中以海底世界和生态生物为元素丰富设计轮廓，在其功能区划分上充分考虑建筑结构关系，运用本栋建筑结构的优势，划分出符合人群消费动向的动态图，同时兼顾经营后台及公共部分的合理性。而如今酒吧的设计定位越来越多的是突破传统的酒吧经营设计模式，打造一个凸显自我的空间沙龙。如图 11-84 所示，其酒吧设计的主题定位为“世界是我们的”，以地球的海洋和陆地组成钢板飘带为元素，对空间进行了有趣的分隔和联系，采用钢板、钢管、钢网、木板、石头、素水泥等朴素材料，营造一个质朴而浪漫的空间，体现低碳、节能、绿色和环保的设计理念。

图 11-83　以“欢乐海洋”为主题的 KTV 设计

图 11-84　以“世界是我们的”为主题的酒吧设计

2. 方案设计

方案设计就是设计师将项目定好方位后，开始根据自己的想法出方案的过程。这一过程是将意念抽象阶段变为具体实施步骤的一个非常重要的创造过程，在这一个过程中设计师要不断地创造问题、发现问题并解决问题，进而出一台完整的设计方案。方案里面包括的内容有以下部分。

撰写初步设计说明：主要包括建设单位或甲方名称、工程名称、私人会所设计内容、设计依据、构思立意、功能分区、空间布局、界面设计、装饰风格、家具陈设、装修标准、材料做法以及安全防火等技术问题。

编制初步设计概算：根据初步设计的内容，参照国家或地区的概算定额，编制整个私人会所设计及其相关室内空间环境设计实施的所需费用，然后一起提供给建设单位或甲方进行初步设计的正式审定。

设计完善阶段：方案定型后，便进入设计完善阶段。这一阶段是将构思所形成文字性的方案转化实现为图解，绘制其设计平面图、顶面图和剖立面展开图。这些图中需标明各个部分的水平距离及标高，各个部分的装饰材料与装修做法，室内环境的色彩配置，照明灯具、家具与陈设饰品的规格、样式、数量，烟感器、应急灯、警铃、喷淋设施的位置。通过平面布置和顶棚布置图，确定总体布局；然后出效果图，确定总体艺术倾向及格调，再进行局部的深化设计如灯光音响色彩材料等；最后才进入施工阶段。

（二）娱乐空间的设计原则

娱乐类空间需要具备鲜明的个性，所提供的环境和服务吸引客户的眼球，现场气氛的营造往往是重点。在设计娱乐类空间时，设计者要分析和解决复杂的空间及功能问题，从而有条理地组织出层次丰富的空间。

1. 营造浓烈的娱乐氛围

气氛的表达往往是娱乐空间的设计要点，不同的娱乐方式有不同的功能要求。在娱乐空间中，渲染氛围的要素主要有装饰手法和照明系统，装饰手法和空间形式的合理结合能够营造出意想不到的娱乐氛围，独特的风格甚至能成为娱乐空间的卖点。图 11-85 中新颖而独特的空间布局，能在第一时间引起消费者的注意，可以吸引消费者的兴趣并激发其参与欲望，从而留下深刻的印象。娱乐空间的照明系统在提供好的照明条件的同时要发挥其艺术效果，以达到渲染气氛的目的。图 11-86 中巧妙进行灯光设计，营造娱乐氛围。对于 KTV 装修空间来说，灯光也起着一个很重要的作用；合理的灯光设计，不仅能给空间提供基本的照明，还能影响消费者的心理感受。设计师在进行灯光设计的时候要巧妙地进行布局，利用灯光来带给消费者视觉上的辉煌。其次在有视听要求的娱乐空间内（如电影院和歌舞厅）应进行相应的声学处理，而且应注意将声学和美学有机地结合起来。

图 11-85　独特的装饰空间设计

图 11-86　巧妙的灯光设计

2. 周全考虑娱乐活动场所的安全

娱乐空间中的交通组织应利于安全疏导，通道、安全门等都应符合相应的防火要求；所有电器电源和电线都应采取相应的措施保证安全；织物与易燃材料应进行防火阻燃处理，符合《纺织品燃烧性能垂直方向损毁长度、阴燃和续燃时间的测定》(GB/T 5455—2014) 的防火要求，其耗氧指数应大于国家标准。

3. 尽量减少对周边环境的干扰

有视听要求的娱乐空间（如歌舞厅、卡拉 OK 厅等）应进行隔声处理，防止对周边环境造成噪声污染，符合相应的隔声设计规范；歌舞厅还应防止产生污染，照明措施应符合相应的法规。

思考与习题

1. 娱乐空间主要有哪几个类型？
2. 娱乐空间室内设计的步骤是怎样的？
3. 娱乐空间应遵循什么样的设计原则？

参 考 文 献

[1] 彭一刚．建筑空间组合论[M]．北京：中国建筑工业出版社，2004．

[2] 蔡吉安．建筑设计资料集[M]．北京：中国建筑工业出版社，2017．

[3] 毛利群．建筑设计基础[M]．上海：上海交通大学出版社，2015．

[4] 冯伟．建筑设计基础[M]．上海：上海人民美术出版社，2015．

[5] 朱瑾．建筑设计原理与方法[M]．上海：东华大学出版社，2009．

[6] 王静．日本现代空间与材料表现[M]．南京：东南大学出版社，2005．

[7] 程大锦．建筑：形式、空间和秩序[M]．3版．刘丛红，译．天津：天津大学出版社，2008．

[8] 赫曼·赫茨伯格．建筑学教程1：设计原理[M]．仲德昆，译．天津：天津大学出版社，2015．

[9] 赫曼·赫茨伯格．建筑学教程2：空间与建筑师[M]．仲德昆，译．天津：天津大学出版社，2015．